TRAITÉ

D'ARITHMÉTIQUE

A L'USAGE

DES CANDIDATS AUX ÉCOLES SPÉCIALES

DU GOUVERNEMENT

Par M. DALIGAULT,

PROFESSEUR DE MATHÉMATIQUES AU LYCÉE DE COUTANCES.

COUTANCES

IMPRIMERIE DE J.-J. SALETTES, LIBRAIRE-ÉDITEUR.

—

1871.

(TOUS DROITS RÉSERVÉS.)

TRAITÉ

D'ARITHMÉTIQUE

TRAITÉ

D'ARITHMÉTIQUE

A L'USAGE

DES CANDIDATS AUX ÉCOLES SPÉCIALES

DU GOUVERNEMENT

Par M. DALIGAULT,

PROFESSEUR DE MATHÉMATIQUES AU LYCÉE DE COUTANCES

COUTANCES

IMPRIMERIE DE J.-J. SALETTES, LIBRAIRE-ÉDITEUR.

1871.

PRÉFACE

Au point de vue philosophique, personne ne comprendra, à moins d'avoir, sur ce sujet, des connaissances approfondies, que, de nos jours, on écrive un traité élémentaire sur les sciences exactes.

Comment se peut-il, en effet, qu'à chaque instant, il pleuve, de tous côtés, de ces traités élémentaires qui devraient ne nous rien apprendre, puisqu'ils reposent sur des principes immuables et, par conséquent, vieux comme le monde ?

Nos traités devraient être parfaits autant que peut l'être l'ouvrage d'un homme. Il n'en est rien : Il y a encore beaucoup à faire sous le rapport de la simplicité des méthodes, de l'élégance, par conséquent, ainsi que sous le rapport du langage qui laisse tant à désirer !

Malgré le magnifique précepte,

Rien n'est beau que le vrai, le vrai seul est aimable,

Combien de personnes semblent croire que les *à peu près*, soit sous le rapport des méthodes, soit sous le rapport du langage, suffisent bien pour arriver à la connaissance d'une science, de l'arithmétique, par exemple, qu'elles semblent réduire à une sorte d'instrument, à un pur mécanisme.

Comment ne cherchons-nous pas la pensée vraie et la véritable expression ? Je ne puis et ne veux pas étudier, ici, si cette tendance à se contenter d'*à peu près* n'a pas de déplorables conséquences.

Peut-on nier, d'ailleurs, sur le jugement, l'influence ultérieure de la rectitude de la pensée jointe à la propriété de l'expression ?

De ces considérations naissent les règles que je me suis imposées et si je n'étais pas toujours parvenu à m'y conformer, je saurais le plus grand gré à celui qui voudrait bien me le faire connaître, heureux que je serais de pouvoir faire profiter mes lecteurs des observations qui me seraient signalées.

Je m'adresse aux amis des sciences, aux amis du vrai partout, dans le langage comme dans les méthodes, les avertissant qu'ils trouveront, quand il l'a fallu, un langage neuf et des méthodes nouvelles, et, autant que je l'ai pu, simples, rigoureuses, élégantes.

Parmi les nombreux exemples que je pourrais choisir, soit en géométrie, soit ailleurs, de la rigueur que je me suis imposée, je n'en citerai qu'un :

Dans presque tous les ouvrages de sciences, vous lisez :

« .... résultat tant de fois plus petit ou plus grand. »

Il n'est personne qui ne se soit dit, au moins une fois dans sa vie :

je comprends que 12, par exemple, soit 3 fois 4 ; mais, puis-je dire, comme je le vois écrit, ou comme je l'entends répéter, que 12 est 3 fois plus grand que 4 ?

Je vais tâcher de mettre en évidence que c'est là un langage inadmissible :

Ils disent, permettez-moi d'abréger :

$$4 \times 3 = 12 \text{ qui est 3 fois plus grand que 4,}$$
$$6 \times 2 = 12 \underline{\qquad} 2 \underline{\qquad\qquad} 6,$$

Et pour être conséquents, ils doivent dire :

$$12 \times 1 = 12 \text{ qui est 1 fois plus grand que 12.}$$

Ainsi, d'après ce langage, 12 est une fois plus grand que 12. Ils disent, de même :

$$36 : 3 = 12 \text{ qui est 3 fois plus petit que 36}$$
$$24 : 2 = 12 \underline{\qquad} 2 \underline{\qquad\qquad} 24$$

Et l'on doit dire, pour être conséquent :

$$12 : 1 = 12 \text{ qui est une fois plus petit que 12}$$

Ainsi, ce langage, s'il était correct, démontrerait que 12, par exemple, est 1 fois plus grand et 1 fois plus petit que lui-même.

Je n'insisterai pas davantage, persuadé que les esprits sérieux et qui ne recherchent que la vérité, voient assez à quel résultat j'ai dû arriver en me laissant inspirer par de telles considérations.

Ces assertions paraîtront hardies; mais, pour les penseurs, elles ne sont pas moins fondées.

Cet ouvrage a été fait pour faciliter le travail de mes élèves et si

je le fais imprimer, ainsi que quelques autres dont j'espère le
faire suivre, c'est pour continuer ce résultat, si bien commencé,
d'ailleurs, de faire aimer cette étude si attrayante des sciences.

Agréez,

Monsieur et cher lecteur,
l'expression de ma parfaite considération.

P. S. Vous trouverez, entre autres questions, une théorie générale
des approximations numériques, théorie si importante et si négligée et
dont je crois avoir fait saisir le côté pratique, une théorie générale des
règles d'alliages et de mélanges, la théorie des logarithmes, de nombreux problèmes résolus et surtout des applications logarithmiques.

NOTIONS PRÉLIMINAIRES.

<table>
<tr><td>Arithmétique.</td><td>1 — L'arithmétique est la science des nombres et du calcul.</td></tr>
<tr><td>Nombre.</td><td>2 — Un nombre est l'expression de la mesure d'une grandeur, c'est-à-dire qu'il fait connaître combien cette grandeur contient d'unités ou de parties d'unités de même espèce.</td></tr>
<tr><td>Unité.</td><td>3 — Une unité est une quantité prise arbitrairement, ou dans la nature, pour servir de terme de comparaison à toutes les quantités de même espèce.</td></tr>
<tr><td>Grandeur ou quantité.</td><td>4 — On appelle grandeur ou quantité un objet ou l'ensemble d'objets susceptibles d'être comptés. Si on les compte, le résultat est une grandeur évaluée, c'est un nombre. Une grandeur ou quantité est, par conséquent, susceptible d'augmentation ou de diminution.</td></tr>
<tr><td>Nombre entier.</td><td>5 — Un nombre est entier s'il ne renferme que des unités entières.</td></tr>
<tr><td>Fraction.</td><td>6 — Une fraction est une ou plusieurs parties égales de l'unité partagée en parties égales.</td></tr>
<tr><td>Nombre abstrait.
Nombre concret.</td><td>7 — Un nombre est abstrait si l'on n'indique pas l'espèce des unités qu'il représente. Il est concret si l'on énonce l'espèce de ses unités.
Dans l'exposition des opérations sur les nombres nous considèrerons ceux-ci comme abstraits.</td></tr>
<tr><td>Nombre complexe.
Nombre incomplexe.</td><td>8 — Un nombre concret composé de plusieurs parties se rapportant respectivement à</td></tr>
</table>

des unités différentes est un nombre complexe. Il est incomplexe s'il ne renferme qu'une seule espèce d'unités. 7 toises, 4 pieds, 5 pouces est un nombre complexe; 8 degrés, 45 volumes sont des nombres incomplexes.

NUMÉRATION.

Définition de la numération.

9 — La numération est l'art d'énoncer ou de représenter les nombres. De là deux numérations : la numération parlée et la numération écrite.

Numération parlée.

10 — La numération parlée est l'art d'énoncer les nombres à l'aide d'un petit nombre de mots.

Le premier nombre est l'*unité* ou *un*. En ajoutant l'unité à elle-même, on obtient le nombre *deux*. En ajoutant successivement l'unité au dernier nombre formé, on obtient *trois, quatre... neuf.*

En ajoutant une unité au nombre neuf, on obtient un nouveau nombre appelé *dix* que dans notre numération décimale, on regarde comme une nouvelle espèce d'unité appelée aussi *dixaine* ou *unité du second ordre*. On compte par unités du second ordre comme on a compté par unités du premier : *un dix, deux dix, trois dix..., neuf dix;* ou *dix, vingt, trente..., soixante, septante, octante, nonante.* L'usage a généralement remplacé ces trois derniers mots par *soixante-dix, quatre-vingts, quatre-vingt-dix.*

Pour énoncer les nombres compris entre deux dixaines consécutives, il suffit d'intercaler les noms des neuf premiers nombres. On obtient : *dix-un, dix-deux, dix-trois..., dix-sept, dix-huit, dix-neuf.* L'usage a remplacé les six premiers mots par *onze, douze..., seize.* Après vingt viennent *vingt-un, vingt-deux..., vingt-neuf, trente, trente-un, trente-deux..., trente-neuf..., quatre-vingt-dix-neuf.*

(Remarquons que pour arriver à ce dernier nombre on ajoute les dix-neuf premiers à *soixante* et à *quatre-vingts*.)

Si à quatre-vingt-dix-neuf on ajoute une unité, on obtient un nouveau nombre appelé *cent*, *centaine* ou *unité du troisième ordre*. On compte par centaines comme on a compté par dixaines et par unités du premier ordre. On dit : *une centaine, deux centaines..., neuf centaines*; ou *cent, deux cents..., neuf cents*. En intercalant les noms des quatre-vingt-dix -neuf premiers nombres entre deux centaines consécutives, on peut exprimer tous les nombres jusqu'à *neuf cent-quatre-vingt-dix-neuf : cent un, cent deux..., cent quatre-vingt-dix-neuf; deux cents, deux cent-un, deux cent-deux..., neuf cent quatre-vingt-dix-neuf.*

(Remarquons, en passant, qu'onze mots suffisent pour exprimer ces neuf cent quatre-vingt-dix-neuf premiers nombres.)

En ajoutant l'unité au dernier nombre formé, on obtient un nouveau nombre appelé *mille* ou *unité du quatrième ordre*. On est convenu d'en faire une *unité de la deuxième classe*. On compte par unités de la deuxième classe comme on a compté par unités de la première ou des trois premiers ordres. On dit : *Un mille, deux mille, trois mille..., neuf cent quatre-vingt-dix-neuf mille.*

En intercalant les noms des neuf cent quatre-vingt-dix-neuf premiers nombres entre deux mille consécutifs, on obtient *mille un, mille deux..., mille neuf cent-quatre-vingt-dix-neuf; deux mille, deux mille-un, deux mille-deux..., neuf cent quatre-vingt-dix-neuf mille neuf cent quatre-vingt-dix-neuf.*

(Les dixaines de mille et les centaines de mille sont les unités du cinquième et du sixième ordre.)

En ajoutant l'unité au dernier nombre formé, on obtiendrait le *million* ou *unité du septième ordre* et de la *troisième classe*. On compterait par millions comme on a compté par mille et par unités de la première classe, et ainsi de suite.

On voit, comme nous l'avons dit dans la définition, que l'on n'emploie qu'un petit nombre de mots, puisque pour exprimer tous les nombres jusqu'au million exclusivement, douze mots suffisent.

Dix unités d'un certain ordre forment une unité de l'ordre supérieur.

Ainsi il faut dix unités d'un ordre pour en faire une de l'ordre supérieur : dix unités simples forment une dixaine, dix dixaines forment une centaine… C'est pourquoi l'on appelle notre système de numération, le système décimal.

Mille unités d'une classe forment une unité, de la classe supérieure.

Mille unités d'une classe forment une unité de la classe supérieure. Ainsi, mille unités simples forment un mille; mille mille forment un million…

Utilité des classes.

Remarquons qu'en reconnaissant ces différentes classes d'unités , on économise deux mots dans l'expression des nombres de chacune d'elles.

NUMÉRATION ÉCRITE.

Numération écrite.

11 — La numération écrite est l'art de représenter tous les nombres à l'aide d'un nombre limité de caractères appelés chiffres.

Ces caractères sont 1, 2……………,9, 0.

Déjà l'invention des 9 premiers [1] permettait d'écrire les nombres avec une certaine abréviation. Le nombre trois millions, neuf cent quarante-cinq mille, six cent-vingt-sept, par exemple, pouvait s'écrire :

millions	cent. de mille	dix. de mille	mille	cent.	dix.	unités
3	9	4	5	6	2	7

mais, remarquant que, dans ce nombre, qui renferme tous les ordres d'unités inférieurs au

---

(1) Il y a dans un système de numération autant de chiffres qu'il y a d'unités dans la base. Le nombre d'unités d'un certain ordre qu'il faut pour former une unité de l'ordre supérieur est la base du système de numération.

million, chaque chiffre exprime des unités de l'ordre immédiatement supérieur à celui qui le suit, on peut se dispenser d'écrire les noms des ordres et convenir que tout chiffre placé à la gauche d'un autre exprime des unités de l'ordre immédiatement supérieur à celui qui le suit, convention qui permet d'écrire tous les nombres dans lesquels il ne manque pas d'ordre d'unités. Enfin on prit le 0 appelé zéro, pour remplacer les ordres manquants d'unités. Puisqu'il ne peut y avoir dans un ordre plus de 9 unités, il est évident qu'avec ces 10 caractères on pourra représenter tous les nombres. Le nombre trois millions, quatre-vingt-quinze mille, sept unités, s'écrira :

$$3 \quad 095 \quad 007.$$

Les neuf premiers de ces caractères sont les *chiffres significatifs*. Ils ont deux valeurs : la valeur absolue, qu'ils tiennent de leur forme, et la valeur relative, qui vient de leur position. Le zéro est le chiffre non significatif.

*. Écrire en chiffres un nombre dicté en langage ordinaire.

12 — Nous avons vu que, dans le système de numération dont nous nous occupons, on emploie dix caractères.

Comme un nombre se compose de classes et que chaque classe ne renferme que centaines, dixaines et unités, il est clair que pour écrire un nombre quelconque, il suffit de savoir écrire un nombre de 3 chiffres, c'est-à-dire les nombres que peut renfermer une classe.

Pour écrire un nombre de 3 chiffres, on écrit le chiffre des centaines; à droite, le chiffre des dixaines et enfin celui des unités, appliquant simplement la convention sur laquelle repose l'écriture des nombres. Quant aux classes, on écrit les mille à la gauche des unités, les millions à la gauche des mille....., ou plutôt, commençant par la classe des plus hautes unités, on écrit à sa droite celle des unités de la classe immédiatement inférieure et ainsi de suite.

Lire un nombre écrit en chiffres.

13 — D'après la décomposition des nombres

en classes, pour lire un nombre écrit en chiffres, il suffit de savoir lire un nombre de 3 chiffres. On partage, en effet, les nombres en tranches de 3 trois chiffres, à partir de la droite, la dernière à gauche pouvant n'en renfermer que deux ou même qu'un seul, et, commençant par la gauche, on énonce chaque tranche en la faisant suivre du nom de la classe des unités qu'elle représente.

Pour lire un nombre de 3 chiffres, on nomme, de gauche à droite, chaque chiffre en le faisant suivre du nom de l'ordre qu'il représente. Ainsi le nombre

$$973,$$

s'énonce 9 centaines, 7 dixaines, 3 unités, ou, simplement, neuf cent-soixante-treize.

Le nombre

$$27\ \ 905\ \ 610,\ \text{se lit}$$

27 millions, 905 mille, 610 unités.

Des fractions.

14 — D'après ce que nous avons dit (6), une fraction nous donne l'idée de deux nombres : le premier qui indique en combien de parties égales l'unité a été divisée et qui est le dénominateur et le second qui indique combien on prend de ces parties et qui est le numérateur. Si l'on suppose l'unité partagée en 19 parties égales, par exemple, chacune de ces parties est un dix-neuvième de l'unité, et si l'on prend 14 de ces parties, on a la fraction 14 dix-neuvièmes, que l'on écrit $\frac{14}{19}$. On énonce souvent une fraction telle que celle-ci en disant 14 sur 19, abréviation de *fraction obtenue en écrivant 14 sur 19*, c'est-à-dire le dénominateur sous le numérateur en les séparant par un trait.

Lire une fraction ordinaire.

Pour lire une fraction, on énonce d'abord le numérateur, puis le dénominateur en le faisant suivre de la terminaison ième. Excepté les dénominateurs 2, 3, 4, que l'on énonce demi, tiers, quart.

Si le dénominateur de la fraction est un nombre quelconque, c'est une fraction ordinaire. Si le dénominateur est l'un des nombres 10, 100, 1000,... c'est une *fraction décimale*. Si le numérateur est moindre que le dénominateur, c'est une *fraction proprement dite*; s'il est plus grand, c'est une *expression fractionnaire*. Enfin un nombre entier, accompagné d'une fraction est un *nombre fractionnaire*.

Fractions décimales.

15 — Si l'on suppose, par exemple, que l'unité soit partagée en 100 parties égales et que l'on prenne 59 de ces parties, on aura la fraction $\frac{59}{100}$, que l'on peut écrire plus simplement. En effet, il résulte du principe fondamental de notre numération décimale que tout chiffre placé à la droite d'un autre exprime des unités de l'ordre immédiatement inférieur : ainsi le chiffre placé à la droite du chiffre des dixaines exprime des unités simples; or, l'unité simple est le dixième de la dixaine. De même le chiffre placé à la droite du chiffre des unités simples exprime des dixièmes d'unité simple ; de même le chiffre placé à la droite du chiffre des dixièmes exprime des dixièmes de dixième ou des centièmes d'unité simple et ainsi de suite.

Donc la fraction $\frac{59}{100}$ peut s'écrire 0,59 ou 5 dixièmes et 9 centièmes, en convenant que le zéro tienne la place des unités. Comme on le voit, on place une virgule avant le chiffre des dixièmes.

Théorème.
Si à la droite d'un nombre on écrit 1, 2, 3... zéros, le nombre résultant est 10, 100, 1000... fois le nombre primitif.

16—Prenons le nombre 457, par exemple, si l'on écrit un zéro à la droite de ce nombre, on obtient 4570 qui est 10 fois 457. En effet, chaque chiffre de 4570 exprime, par sa position, des unités de l'ordre supérieur à celui qu'il exprimait dans 457; chaque partie de ce nombre étant dix fois ce qu'elle était dans 457, le nouveau nombre est 10 fois le nombre primitif, en vertu de cet axiome : *10 fois chacune des parties d'un nombre égalent 10 fois ce nombre* [1].

Ou bien, dans le nouveau nombre, le 4 ex-

---

(1) Un axiome est une vérité évidente par elle-même.

prime des mille; or, un mille vaut 10 centaines; les 4 mille valent donc 40 centaines et 5 centaines font 45 centaines; la centaine vaut 10 dixaines; les 45 centaines valent donc 450 dixaines, et 7 dixaines font 457 dixaines. Le nouveau nombre exprime donc 457 dixaines; le premier 457 unités et comme une dixaine vaut 10 unités, il en résulte que le nouveau nombre est 10 fois le premier.

De même si à la droite de 457, on écrit 2, 3... zéros, 45 700, 457 000... sont 100, 1000... fois 457.

Corollaire.

De ce qui précède il résulte que si à la droite d'un nombre on efface 1, 2, 3..., zéros, le nombre résultant est le dixième, le centième, le millième,... du nombre primitif.

Le lecteur fera bien de démontrer directement ce corollaire, cette conséquence du théorème précédent [1].

Différentes manières de lire un nombre décimal.

17 — Soit le nombre 79,645.

1° Il est clair qu'on peut le lire en énonçant chaque chiffre et le faisant suivre du nom de l'ordre qu'il représente : 7 dixaines, 9 unités, 6 dixièmes, 4 centièmes, 5 millièmes.

2° Ou bien, le décomposant en deux parties, lire la partie entière, puis la partie décimale comme si c'était un nombre entier en la faisant suivre du nom de l'ordre du dernier chiffre. Ainsi on dira 79 unités, 645 millièmes. En effet, un dixième valant 10 centièmes, les 6 dixièmes valent 60 centièmes, et 4 centièmes font 64 centièmes; un centième valant 10 millièmes, 64 centièmes font 640 millièmes qui, augmentés de 5 millièmes, font 645 millièmes.

3° Enfin, on peut lire ce nombre comme s'il était entier en le faisant suivre du nom de l'ordre du dernier chiffre. On dira 79 645 millièmes. En effet, une unité valant mille millièmes, 79 unités valent 79 000 millièmes, qui,

---

(1) Un théorème est une vérité qui ne devient évidente qu'à l'aide d'un raisonnement.

augmentés de 645 millièmes, font 79645 millièmes.

Théorème.

Si d'un nombre déci-
mal, on déplace la vir-
gule d'un, de 2, de 3...,
rangs vers la droite, le
nombre résultant est 10,
100, 1000..., fois le
nombre primitif.

18 — Soit le nombre décimal 79,645,

En déplaçant, par exemple, la virgule de deux rangs vers la droite, on obtient 7964,5 qui est 100 fois le nombre primitif. En effet, chaque chiffre du nouveau nombre exprime des unités d'un ordre supérieur de deux rangs à celui qu'il exprimait dans le nombre proposé; chaque chiffre a donc une valeur relative qui est 100 fois celle qu'il avait primitivement; le nombre lui-même a donc 100 fois la valeur primitive, en vertu de cet axiome : *100 fois chacune des parties d'un nombre égalent cent fois ce nombre* [1].

Ou bien, lisant ces nombres d'après la troisième manière de lire un nombre décimal, dans le premier cas on a 79645 millièmes, dans le second, 79645 dixièmes ; or, le dixième vaut 100 millièmes, le second nombre est donc 100 fois le premier.

Corollaire.

Il résulte du théorème précédent, que

Le nombre résultant du déplacement de la virgule d'un, de 2, de 3..., rangs vers la gauche d'un nombre décimal est le 10°, *le* 100°, *le* 1000°..., *du nombre primitif.*

19 — Remarquons qu'un nombre décimal ou une fraction décimale ne change pas de valeur, si l'on écrit un nombre quelconque de zéros à la droite de la partie décimale.

Exercices.

1° Écrire dans le système de numération dont la base est 7, le nombre 241 de notre système décimal.

2° Écrire dans le système décimal le nombre 463 écrit dans le système dont la base est 7.

---

[1] Nous énoncerons cet axiome d'une manière générale : *n* fois chacune des parties d'un nombre égalent *n* fois ce nombre.

3° Ecrire dans le système dont la base est 12, le nombre 785 de notre système décimal.

Revenir du nombre trouvé au nombre 785.

4° Ecrire dans le système dont la base est 5, le nombre 74β9 écrit dans le système dont la base est 12 [1].

Revenir du nombre trouvé et du nombre 74β9 au nombre décimal correspondant.

Le nombre 643 écrit dans un certain système de numération correspond au nombre 325 de notre système décimal; quelle est la base de ce système?

Le nombre 50 402 écrit dans un système de numération correspond au nombre de notre système décimal 12 203; dans quel système est-il écrit? (2)

Des Opérations de l'Arithmétique.

20 — Dans toute opération d'arithmétique nous distinguerons 4 parties : *la définition, le procédé ou règle, la démonstration et la preuve :*

La *définition* explique le but particulier de l'opération;

Le *procédé* indique la marche à suivre pour l'atteindre;

La *démonstration* justifie l'exactitude du procédé;

La *preuve* est une seconde opération faite pour vérifier l'exactitude matérielle de la première.

DE L'ADDITION.

Définition.

     89 726
      5 439
      8 745
    19 456
       783
   ———
   124 149

    34 423

21 — L'addition est une opération par laquelle on réunit plusieurs nombres de même espèce en un seul que l'on appelle *Somme* ou *Total.*

Soit proposé de faire la somme des nombres 89 726, 5 439, 8 745, 19 456 et 783. Je dispose l'opération comme on le voit en marge et

---

(1) Dans ce système on peut prendre $\alpha = 10$, $\beta = 11$.

(2) Les problèmes écrits en fine italique ne sont pas pour les commençants. Même observation pour tout ce qui est en petit caractère.

je dis 6 unités et 9 unités font 15 unités ; et 5 unités, 20 unités ; et 6 unités, 26 unités ; et 3 unités, 29 unités. Je pose 9 unités et je retiens 2 dixaines pour les ajouter à la colonne des dixaines. Je dis de même, 2 dixaines de retenue et 2 dixaines font 4 dixaines ; et 3 dixaines font 7 dixaines ; et 4 dixaines, 11 dixaines ; et 5 dixaines, 16 dixaines ; et 8 dixaines, 24 dixaines. Je pose 4 dixaines et je retiens 2 dixaines de dixaines ou 2 centaines pour les ajouter à la colonne des centaines. Je continue en disant 2 centaines de retenue et 7 centaines font 9 centaines ; et 4 centaines........ Enfin la somme des chiffres de la colonne des dixaines de mille augmentée de la retenue de la colonne précédente me donne 12 que j'écris ; je trouve ainsi 124 149, pour somme des nombres proposés.

Dans la pratique, on dit simplement 6 et 9 font 15 ou même 6 et 9, 15 ; et 5, 20 ; et 6, 26 ; et 3, 29. Je pose 9 et retiens 2. 2 et 2, 4 ; et 3, 7 ; et 4, 11 ; et 5, 16 ; et 8, 24. Je pose 4 et retiens 2..... On continue ainsi jusqu'à la colonne à gauche au-dessous de laquelle on pose la somme telle qu'on la trouve.

Procédé. **22** — D'où cette règle : Pour faire une addition on dispose les nombres les uns sous les autres de manière que les unités de même ordre soient dans une même colonne verticale. On souligne le tout. On commence l'opération par la droite [1] ; on fait la somme des chiffres de la colonne des unités au-dessous de laquelle on la pose telle qu'on la trouve, si elle ne surpasse pas 9 ; si elle surpasse 9, on écrit les unités et l'on retient les dixaines pour les ajouter à la colonne des dixaines. On fait la somme des dixaines augmentée de la retenue précédente et, si elle ne surpasse pas 9, on la pose telle qu'on la trouve au-dessous de la colonne

(1) En commençant l'opération par la gauche, si la somme des chiffres d'une colonne surpassait 9, on devrait corriger le chiffre provenant de la colonne précédente.

des dixaines; si elle surpasse 9, on écrit les dixaines et l'on retient les dixaines de dixaines ou les centaines pour les ajouter à la colonne des centaines. On continue ainsi jusqu'à la dernière colonne à gauche au - dessous de laquelle on pose la somme telle qu'on la trouve.

Démonstration.

23 — En opérant comme nous venons de l'indiquer, on a fait la somme des unités, la somme des dixaines, la somme des centaines…, la somme de toutes les parties de ces nombres, on a bien la somme de ces nombres, en vertu de cet axiome : *La somme de plusieurs quantités égale la somme de toutes les parties de ces quantités.*

Preuve.

24 — Pour faire la preuve de l'addition, on peut, par exemple, si l'on a fait l'opération en additionnant les chiffres de haut en bas, les additionner de bas en haut.

Ou bien, par exemple, supprimer le nombre supérieur, faire la somme des autres nombres et à cette somme ajouter le nombre supprimé ; si l'on trouve le même résultat que précédemment, il est probable qu'il est exact, parce que, dans chacun de ces cas, les nombres ne sont point combinés de la même manière. On peut encore commencer par la gauche, faire la somme des chiffres de la colonne des plus hautes unités et la retrancher du nombre écrit au-dessous. Le reste est évidemment la retenue de la colonne précédente. A la droite de ce reste, on suppose écrit le chiffre qui est au-dessous de la colonne immédiatement à droite et du nombre ainsi obtenu on retranche la somme des chiffres de cette colonne…, rendu à la dernière colonne à droite, on doit trouver zéro pour reste, puisqu'il n'y a pas de retenue provenant de la colonne précédente.

Dans cet exemple, on dit : 8 et 1, 9 ; 9 de 12, 3 ; 34, c'est-à-dire, j'ai 34 dont je dois retrancher la somme de la colonne des mille, 31 ; le reste est 3 ; 34, c'est-à-dire que de 31

```
 89 726
  5 439
  8 745
 19 456
    783
 ──────
124 149

 33 220
```

je retrancherai la colonne suivante..., comme à la dernière colonne à droite j'ai 29 à retrancher de 29, il est probable que l'opération est exacte.

Exercices.

On écrira les nombres de cette addition dans un système de numération quelconque; on fera l'addition dans ce système et l'on passera ou de ce résultat au résultat trouvé dans le système décimal, ou inversement ce qui fournit une preuve de l'addition.

DE LA SOUSTRACTION.

Définition.

25 — La soustraction est une opération par laquelle on retranche un plus petit nombre d'un plus grand de même espèce. Le résultat se nomme *reste, excès* ou *différence.*

Soit proposé de retrancher 23 526 de 78 429.

$$\begin{array}{r} 78\ 429 \\ 23\ 526 \\ \hline 54\ 903 \end{array}$$

J'écris le plus petit nombre sous le plus grand de manière que les unités de même ordre se correspondent verticalement et je souligne le plus petit. Commençant par la droite, je dis : 6 unités retranchées de 9 unités donnent pour reste 3 unités; j'écris 3 sous les unités. 2 dixaines retranchées de 2 dixaines, donnent un reste nul; j'écris 0 sous les dixaines. 5 centaines ne pouvant se retrancher de 4 centaines, j'ajoute 10 centaines à 4 centaines, ce qui me donne 14 centaines dont je retranche 5 centaines et je pose la différence 9 au-dessous de 5 centaines. Ayant augmenté le nombre supérieur de dix centaines, pour que la différence des deux nombres proposés ne change pas, j'augmente aussi le nombre inférieur de dix centaines ou d'un mille, m'appuyant sur cet axiome : *La différence entre deux nombres ne change pas si on les augmente d'une même quantité.* Un mille et 3 mille font 4 mille qui retranchés de 8 mille, donnent pour reste 4 mille; j'écris 4 sous les mille. Enfin 2 dixaines de mille retranchées de 7 dixaines de mille donnent 5 pour reste. J'écris 5 sous les dixaines de mille.

Le reste est donc 54 903.

Dans la pratique on dit : 6 retranchés de 9 donnent pour reste 3, ou même 6, de 9, 3; 2 de 2, 0; 5 de 14, 9 et je retiens 1; 1 et 3 font 4; 4 de 8, 4; et enfin 2 de 7, 5.

Démonstration.

26 — Ayant fait la différence entre les unités, la différence entre les dixaines....., la différence entre toutes les parties de ces deux nombres, on a bien la différence des 2 nombres en vertu de cet axiome : *La différence entre deux quantités égale la différence entre toutes les parties de ces quantités.*

Procédé.

27 — Pour faire une soustraction, on écrit, pour plus de facilité, le plus petit nombre sous le plus grand de manière que les unités de même ordre se correspondent verticalement; on souligne le plus petit nombre et sous ce trait on écrit le résultat. On commence l'opération par la droite [1] et l'on retranche chaque chiffre inférieur de son correspondant supérieur. Trois cas peuvent se présenter : ou le chiffre inférieur est moindre que son correspondant supérieur, dans ce cas on pose au-dessous la différence; ou le chiffre inférieur est égal à son correspondant supérieur, dans ce cas, la différence étant nulle, on pose 0 au-dessous; ou enfin le chiffre inférieur est plus grand que le chiffre supérieur correspondant : dans ce cas, pour que la soustraction puisse se faire, on augmente le chiffre supérieur de dix unités de son ordre, ce qui ramène ce cas au premier : on pose la différence au-dessous. Ayant ainsi augmenté le nombre supérieur de dix unités d'un certain ordre, pour que la différence ne change pas, on augmente le nombre inférieur d'une unité de l'ordre immédiatement supérieur

---

(1) Si l'on commençait l'opération par la gauche et qu'un chiffre inférieur fut plus grand que le chiffre supérieur correspondant, il faudrait, à cause de la retenue, corriger le chiffre déjà écrit à gauche.

et l'on continue ainsi jusqu'à la dernière colonne à gauche, où, d'après notre hypothèse, le chiffre inférieur augmenté de la retenue, s'il y en a une, peut, au plus, égaler le chiffre supérieur.

Preuve.

28 — Le *reste* étant ce qui manque au plus petit nombre pour égaler le plus grand, la somme du plus petit nombre et du reste doit égaler le plus grand.

Ou bien, la somme du plus petit nombre et du reste égalant le plus grand, si de celui-ci l'on retranche le reste, on doit retrouver le plus petit.

Exercices.

1° Quel est l'aplatissement de la terre, c'est-à-dire la différence entre le rayon de la terre qui aboutit au pôle et un rayon aboutissant à l'équateur, sachant que celui-ci est de 6 376 985 et le premier de 6 356 324 ?

2° Dans l'Himalaya, la plus haute montagne du globe a 8588^m au-dessus du niveau de la mer ; le mont Elbrouz, dans le Caucase, a 5637^m et le mont Blanc, en Europe, a 4810^m d'élévation ; que manque-t-il à celui-ci pour atteindre la hauteur de chacune des deux autres montagnes ?

On écrira les nombres de cette soustraction dans un système quelconque de numération et l'on fera l'opération dans ce système. On passera alors du premier résultat trouvé dans le système décimal un résultat trouvé dans ce nouveau système ou inversement. Ce qui fournit une preuve de la soustraction.

DE LA MULTIPLICATION.

Définition.

29 — La multiplication est une opération par laquelle deux nombres étant donnés, on se propose d'en trouver un troisième formé du premier, comme le second est formé de l'unité.

Le premier de ces nombres est le *multipli-*

cande, le second le *multiplicateur* et le nombre cherché est le *produit*.

Nous distinguerons dans la multiplication les trois cas suivants :

1° Multiplication d'un nombre d'un seul chiffre par un nombre d'un seul chiffre ;

2° Multiplication d'un nombre de plusieurs chiffres par un nombre d'un seul ;

3° Multiplication d'un nombre de plusieurs chiffres par un nombre de plusieurs chiffres.

1° Multiplication d'un nombre d'un seul chiffre par un nombre d'un seul chiffre.

Pour faire cette multiplication, il suffit de connaître la table de Pythagore.

Construction et usage de la Table de Pythagore.

1	2	3	4	5	6	7	8	9
2	4	6	8	10	12	14	16	18
3	6	9	12	15	18	21	24	27
4	8	12	16					
5	10						40	
6								
7								
8				40				
9								

30 — On écrit dans une ligne horizontale les 9 premiers nombres 1, 2, 3..., 9. Si l'on ajoute, chacun à lui-même, ces 9 premiers nombres, on obtient une deuxième ligne horizontale 2, 4, 6..., 18, qui contient une fois plus une fois ou deux fois les 9 premiers nombres, ou les produits par 2 des 9 premiers nombres. Faisant la somme des nombres de chaque colonne verticale, on obtient une troisième ligne horizontale contenant une fois plus deux fois ou trois fois les 9 premiers nombres, ou les produits par 3 des 9 premiers nombres. Ces produits sont 3, 6, 9..., 27. En ajoutant, dans chaque colonne verticale, le premier nombre au dernier, on obtient une quatrième ligne horizontale contenant une fois plus trois fois les 9 premiers nombres, ou quatre fois les 9 premiers nombres, ou les produits par 4 des 9 premiers nombres. En continuant ainsi, c'est-à-dire en ajoutant successivement, dans chaque colonne verticale, le dernier nombre au premier, on obtient 5, 6..., 9 fois les 9 premiers nombres ou les produits des 9 premiers nombres par 5, 6, 7..., 9.

Si, dans cette table, nous cherchons le produit de 8 par 5, par exemple, ou, par définition, 5 fois 8 (33), ce nombre se trouve, par construction, dans la cinquième ligne horizontale qui, comme nous venons de l'expliquer, contient 5 fois chacun des 9 premiers nombres, ou les produits par 5 des 9 premiers nombres; nous trouvons 40 qui se trouve dans la ligne verticale commençant par 8 et la ligne horizontale commençant par 5.

Si nous faisons tourner la table de manière que les lignes verticales deviennent horizontales, la première verticale devenant la ligne supérieure, nous aurons toujours la table de Pythagore, seulement disposée dans un ordre inverse : de droite à gauche au lieu de l'être de gauche à droite; mais alors la cinquième verticale devient la cinquième horizontale et, par construction, 40 appartient donc aussi à la cinquième verticale et à la huitième horizontale.

Règle.

31 — Donc, pour trouver le produit de deux facteurs n'ayant chacun qu'un seul chiffre, on cherche l'un d'eux dans la première ligne horizontale, l'autre dans la première verticale et le nombre qui se trouve, à la fois, dans ces deux colonnes, est le produit cherché.

Théorème.
On peut sans changer

32 — Dans la position de la table que nous

la valeur d'un produit de 2 facteurs entiers, intervertir l'ordre des facteurs de ce produit.

avons sous les yeux, 40 de la cinquième colonne horizontale égale 5 fois 8 et si nous tournions la table, comme nous venons de l'indiquer, ce serait 8 fois 5 ; donc 5 fois 8 égale 8 fois 5 et comme il en serait de même pour deux autres facteurs quelconques, il en résulte que l'on peut intervertir l'ordre des deux facteurs d'un produit quand ces facteurs appartiennent à la table de Pythagore.

Corollaire.

On peut supposer cette table indéfiniment prolongée ; il en résulte donc qu'on peut intervertir les facteurs d'un produit de deux facteurs entiers sans changer ce produit.

2° Multiplication d'un nombre de plusieurs chiffres par un nombre d'un seul.

33 — Soit 5486 à multiplier par 7.

D'après la définition (29), multiplier 5486 par 7, c'est chercher le nombre formé de 5486 comme 7 est formé de l'unité ; 7 est formé de 7 fois l'unité, le nombre cherché est donc 7 fois 5486, c'est-à-dire 7 fois 5mille, plus 7 fois 4 centaines, plus 7 fois 8 dixaines, plus 7 fois 6 unités. 7 fois 6 unités font 42 unités ou 2 unités que j'écris et 4 dixaines que je retiens pour les ajouter au produit des dixaines. 7 fois 8 dixaines font 56 dixaines et 4 dixaines de retenue font 60 dixaines : j'écris 0 à la place des dixaines et je retiens 6 dixaines de dixaines ou 6 centaines pour les ajouter au produit des centaines. 7 fois 4 centaines font 28 centaines et 6 centaines de retenue, 34 centaines : j'écris 4 centaines et retiens 3 dixaines de centaines ou 3 mille pour les ajouter au produit des mille. 7 fois 5 mille font 35 mille et 3 mille de retenue, 38 mille que j'écris. J'ai donc pour produit 38 mille, 4 centaines, 0 dixaines et 2 unités ou 38402.

$$\begin{array}{r} 5486 \\ 7 \\ \hline 38402 \end{array}$$

Démonstration.

34 — Nous avons bien 7 fois les unités, 7 fois les dixaines..... 7 fois les mille de ce nombre ou 7 fois toutes les parties de ce nombre et par conséquent, 7 fois ce nombre en vertu de cet axiome : *N fois toutes les parties d'un nombre égalent N fois ce nombre* (18).

Dans la pratique, pour faire cette multiplication, on dit simplement : 7 fois 6, 42 ; je pose ou j'écris 2 et retiens 4. 7 fois 8, 56 et 4, 60 ; j'écris 0 et retiens 6. 7 fois 4, 28 et 6, 34 ; j'écris 4 et retiens 3. 7 fois 5, 35 et 3, 38 ; j'écris 38.

Procédé.

35 — Pour multiplier un nombre de plusieurs chiffres par un nombre d'un seul, on écrit le multiplicateur sous les unités du multiplicande et, commençant par la droite, pour la même raison que dans l'addition, on multiplie successivement les unités, les dixaines..., par le multiplicateur. Si le produit ne surpasse pas 9, on l'écrit tel qu'on le trouve ; s'il surpasse 9, on écrit les unités et l'on retient les dixaines pour les ajouter au produit suivant..., arrivé au produit des plus hautes unités du multiplicande par le multiplicateur on écrit telle qu'on la trouve la somme de ce produit et de la retenue précédente.

3° Multiplication d'un nombre de plusieurs chiffres par un nombre de plusieurs chiffres.

```
    5486
     897
  ______
   38402
  493740
 4388800
  ______
 4920942
```

Démonstration.

36 — Soit 5 486 à multiplier par 897.

Par définition (29), (33) nous cherchons le nombre qui soit 897 fois 5486, ou 800 fois, plus 90 fois, plus 7 fois 5486.

7 fois 5486 donne un nombre que nous savons trouver (33), c'est 38 402. 90 fois 5486, c'est 9 fois 10 fois 5486. Or, 10 fois 5486 c'est 54860 (16) et 9 fois 54 860, c'est (33), 493 740. Enfin 800 fois 5486, c'est 8 fois 100 fois 5486 : 100 fois 5486, c'est (16), 548 600 et 8 fois 548 600, c'est (33) 4 388 800.

Faisant la somme de 7 fois 5486, 90 fois 5486 et 800 fois 5486, nous avons bien 897 fois 5486 ou le produit cherché, c'est 4 920 942.

Dans la pratique on se dispense d'écrire le zéro du second produit et les deux zéros du troisième, en remarquant qu'il suffit de placer le premier chiffre à droite de chaque produit sous le chiffre du multiplicateur qui fournit ce produit.

Procédé ou règle.

37 — Pour multiplier un nombre de plusieurs chiffres par un nombre de plusieurs chiffres, on écrit, pour plus de facilité, le multiplicateur sous le multiplicande, on souligne le multiplicateur; on multiplie le multiplicande par chaque chiffre du multiplicateur [1] ayant soin de placer le premier chiffre à droite de chaque produit sous le chiffre du multiplicateur qui fournit ce produit.

La somme de tous ces produits partiels est le produit cherché.

Preuve.

38 — On pourrait multiplier l'un des facteurs par un nombre quelconque; il est clair que le produit serait ce nombre de fois le premier (39). Si donc, multipliant le premier par ce nombre, on retrouvait le second, il est probable que l'opération serait exacte.

Nous verrons plus loin la preuve de cette opération.

LE PRODUIT DE PLUSIEURS NOMBRES ENTIERS NE CHANGE PAS DE VALEUR QUAND ON INTERVERTIT L'ORDRE DES FACTEURS.

Théorème 1.
Le produit de 2 nombres entiers ne change pas de valeur, quand on intervertit l'ordre des facteurs.

$$1 \quad 1 \quad 1$$
$$1 \quad 1 \quad 1$$
$$1 \quad 1 \quad 1$$
$$1 \quad 1 \quad 1$$
$$1 \quad 1 \quad 1$$

39 — Ainsi $3 \times 5 = 5 \times 3$.

Si j'écris, les unes sous les autres, cinq lignes horizontales, formées chacune de 3 unités, j'ai 5 fois 3 ou 3×5; mais si je considère une ligne verticale elle renferme 5 unités et comme j'ai 3 de ces lignes verticales, j'ai 3 fois 5 ou 5×3. Comme d'ailleurs le nombre des unités de ce tableau est le même, que je les compte horizontalement ou verticalement, il s'ensuit que 5 fois 3 égale 3 fois 5 ou $3 \times 5 = 5 \times 3$.

Plus simplement :

Par définition, multiplier 3 par 5, c'est prendre 5 fois 3 ou 5 fois chacune des unités de 3. Si je considère une seule unité de 3, j'ai 5 fois 1 ou 5; pour 2 unités, 2 fois 5 et comme il y a 3 unités dans 3, j'ai 3 fois 5. Donc 5 fois 3 égale 3 fois 5 ou

$$3 \times 5 = 5 \times 3.$$

---

(1) On suit ordinairement l'ordre de droite à gauche.

Théorème 2.

Un produit de 3 facteurs ne change pas de valeur quand on intervertit l'ordre des deux derniers.

$$7 \quad 7 \quad 7 \quad 7 \quad 7$$
$$7 \quad 7 \quad 7 \quad 7 \quad 7$$
$$7 \quad 7 \quad 7 \quad 7 \quad 7$$

40 — Ainsi $7 \times 5 \times 3 = 7 \times 3 \times 5$.

En effet, si j'écris, les unes au-dessous des autres, 3 lignes horizontales composées chacune du chiffre 7 écrit 5 fois, j'aurai 3 fois 5 fois 7 ou $7 \times 5 \times 3$; mais j'ai 5 lignes verticales composées chacune de 3 sept, par conséquent 5 fois 3 fois 7 ou $7 \times 3 \times 5$. D'ailleurs que l'on considère ce tableau horizontalement ou verticalement, le nombre des 7 qu'il renferme est le même ; donc 3 fois 5 fois 7 égale 5 fois 3 fois 7 ou

$$7 \times 5 \times 3 = 7 \times 3 \times 5.$$

Ou plus simplement :

Par définition, nous avons dans ces deux cas un même nombre de fois 7 puisque 3 fois 5 égale 5 fois 3.

Théorème 3.

Dans un produit d'un nombre quelconque de facteurs, on peut intervertir l'ordre de deux facteurs consécutifs quelconques.

41 — Soit, par exemple,
$$5 \times 6 \times 7 \times 3 \times 4 \times 8 \times 9 = 5 \times 6 \times 7 \times 4 \times 3 \times 8 \times 9$$
Il est clair que ces deux produits sont égaux si
$$5 \times 6 \times 7 \times 3 \times 4 = 5 \times 6 \times 7 \times 4 \times 3,$$
puisqu'il suffit de multiplier chacun de ceux-ci par 8×9 pour obtenir les premiers ; or,
$$(5 \times 6 \times 7) \times 3 \times 4 = (5 \times 6 \times 7) \times 4 \times 3,$$
puisque dans un produit de 3 facteurs on peut intervertir l'ordre des 2 derniers. Donc...

Corollaire.

42 — On peut, dans un produit, faire prendre à un facteur quelconque toutes les positions successives. Il en résulte qu'*on ne change pas la valeur d'un produit de nombres entiers quand on intervertit l'ordre de ses facteurs.*

Théorème.

Pour multiplier un nombre par un produit de plusieurs facteurs, il suffit de multiplier successivement par les facteurs de ce produit.

43 — Prenons d'abord un produit de 2 facteurs :
$$7 \times 30 = 7 \times 6 \times 5.$$
En effet, le premier membre de cette égalité est 30 fois 7 et le second 5 fois 6 fois ou 30 fois 7.

Prenons 3 facteurs :
$$7 \times 30 = 7 \times 2 \times 3 \times 5.$$
En effet, $7 \times 2 \times 3 \times 5$ est, par définition 5 fois (3 fois 2) fois 7 ou 5 fois 6 fois ou 30 fois 7.

De la même manière on démontrerait ce théorème pour un nombre quelconque de facteurs.

Remarques :

44 — 1° On peut faire la preuve de la multiplication en intervertissant l'ordre des facteurs, puisque les nombres ne sont pas combinés de la même manière.

45 — 2° Dans une multiplication, le multiplicateur est toujours abstrait, puisqu'il indique combien de fois on prend le multiplicande pour former le produit, tandis que le produit, par conséquent, exprime toujours des unités de même espèce que le multiplicande.

46 — Ces derniers théorèmes permettent, en groupant, en décomposant convenablement les facteurs, d'effectuer, d'une façon rapide, certains produits, tel est celui-ci :

$$1875\times96\times44\times875.\qquad \text{Je l'écris}$$
$$625\times3\times32\times3\times4\times11\times125\times7,\quad \text{puis}$$
$$5^4\times3\times2^5\times3\times2^2\times11\times5^3\times7,\qquad \text{ou}$$
$$3\times3\times7\times11\times5^4\times5^3\times2^5\times2^2,\qquad \text{ou}$$
$$63\times11\times5^7\times2^7,\text{ ou enfin } 6\,930\,000\,000.$$

Nous avons écrit ce qui se passe dans l'esprit. Dans l'application on peut ne faire qu'une seule écriture, celle du nombre

$$6\quad930\quad000\quad000$$

47 — Pour faire le produit de facteurs suivis d'un nombre quelconque de zéros, on fait le produit de ces facteurs et sur la droite on écrit autant de zéros qu'il y en a dans les facteurs réunis (39) et (43).

48 — Pour multiplier un produit par un nombre quelconque, il suffit de multiplier, par ce nombre, l'un des facteurs quelconque du produit (39).

---

(1) Dans 5^4, 4 est l'exposant de 5. On appelle exposant d'un nombre un petit chiffre que l'on écrit à droite et un peu au-dessus de ce nombre et qui indique combien de fois ce nombre est pris comme facteur. Au lieu de dire 5 exposant 4, on dit encore 5 puissance 4e ou simplement 5 puissance 4.

Théorème :

Le nombre des chiffres d'un produit est au plus égal au nombre des chiffres des facteurs et au moins à ce nombre diminué d'autant d'unités qu'il y a de facteurs moins un.

49 — Soit d'abord un produit de 2 facteurs :

$$7849 \times 976,\ \text{par exemple,}$$

ce produit a au plus 7 chiffres et au moins 6.

En effet, pour abréger, représentons ce produit par P

$$1000 \times 100 < 7849 \times 976 < 10000 \times 1000$$

ou

$$100000 < P < 10000000$$

100000 étant le plus petit nombre de 6 chiffres, comme le produit surpasse 100 000, il a, au moins, 6 chiffres; il en a moins de 8 puisqu'il est moindre que 10 000 000, qui est le plus petit nombre de 8 chiffres.

Prenons 3 facteurs :

le produit

$$7849 \times 976 \times 48,\ \text{par exemple, a, au plus,}$$

9 chiffres et au moins, 7.

En effet,

$$1000 \times 100 \times 10 < 7849 \times 976 \times 48 < 10000 \times 1000 \times 100 \quad \text{ou}$$

$$1\ 000\ 000 < P < 1\ 000\ 000\ 000$$

ou, d'après ce que nous avons dit, ce produit supérieur à 1000000 qui est le plus petit nombre de 7 chiffres, a, au moins, 7 chiffres et comme il est moindre que 1 000 000 000, qui est le plus petit nombre de 10 chiffres, il a, au plus, 9 chiffres.

On eût pu se servir simplement de ce qui était démontré pour le produit précédent. Il est d'ailleurs facile d'étendre ce théorème à un nombre quelconque de facteurs.

Scholie.

50 — Si l'on augmente ou si l'on diminue le multiplicateur d'1, de 2, de 3......, unités, le produit augmente ou diminue d'1, de 2, de 3......, fois le multiplicande (29).

Puisqu'on peut intervertir l'ordre des facteurs, il est facile de conclure ce qui arriverait, si l'on augmentait ou diminuait le multiplicande d'1, de 2, de 3......, d'un nombre quelconque d'unités.

L'un des facteurs restant fixe, si le produit croit ou décroît, l'autre facteur croit ou décroît.

Le produit restant fixe, si l'un des facteurs croît ou décroît, c'est que l'autre facteur décroît ou croît.

Exercices.

1° La circonférence de la terre contient 360 degrés, le degré 25 lieues géographiques ou 20 lieues marines; la lieue marine, 3 milles marins. Combien y a-t-il de lieues géographiques, de lieues marines et de milles marins ou minutes terrestres dans le tour de la terre?

2° Si la vitesse de la lumière est de 70000 lieues par seconde, à quelle distance est l'étoile la plus rapprochée de nous, α du Centaure qui met 3 ans 6 mois à nous envoyer sa lumière?

3° On sait que le son parcourt 340^m par seconde. Si le tonnerre se fait entendre 13 secondes après l'éclair, à quelle distance est le nuage orageux? (On fera abstraction de la vitesse de la lumière, qui est de plus de 70000 lieues par seconde).

On écrira les facteurs dans un système quelconque de numération, on fera la multiplication dans ce système, on transformera le résultat obtenu dans le système décimal ou inversement, ce qui fournit une preuve de la multiplication.

DE LA DIVISION.

Définition.

51 — La division est une opération par laquelle deux nombres étant donnés, un produit et l'un de ses facteurs, on se propose de trouver l'autre facteur. Le produit donné se nomme *dividende*, le facteur connu, *diviseur* et le facteur cherché *quotient*.

Comme nous l'avons vu dans la multiplication des nombres entiers, le produit est égal au multiplicande pris un nombre de fois marqué par le multiplicateur, ou, comme on peut intervertir l'ordre des facteurs d'un produit, est égal à l'un des facteurs pris un nombre de fois marqué par l'autre. L'un des facteurs indique donc le nombre de fois que le produit contient l'autre.

On peut donc définir la division une opération par laquelle on cherche combien de fois un nombre appelé dividende en contient un autre appelé diviseur et ce nombre de fois est le quotient (*quoties*).

Si un nombre est partagé en parties égales, il est évident que, prenant l'une de ces parties, un nombre de fois marqué par le nombre de ces parties, on reproduit le nombre partagé. Ce nombre partagé est donc un produit, le nombre de parties, un facteur, et l'une de ces parties, l'autre facteur. On peut donc de la division donner cette définition :

La division est une opération par laquelle on partage un nombre appelé dividende (*dividendus*) en autant de parties égales qu'il y a d'unités dans un autre appelé diviseur (*divisor*) et le nombre cherché est le quotient.

Nous distinguerons 3 cas dans la division :

1° Les facteurs n'ont qu'un seul chiffre ;

2° Le dividende et le diviseur ont plusieurs chiffres et le quotient un seul ;

3° Les 2 termes de la division et le quotient ont plusieurs chiffres.

1° Les facteurs n'ont qu'un seul chiffre.

52 — Ce cas est résolu par la connaissance de la table de Pythagore.

Si, par exemple, nous avions 45 à diviser par 9, nous dirions :

Produit 45, facteur connu 9, facteur cherché 5, ou plus simplement :

Produit 45, facteur 9, facteur 5.

Si nous avions 48 à diviser par 9, nous dirions : produit 48, facteur 9, facteur 5 ; le reste est 3. Ce qui signifie qu'il faut ajouter 3 au produit de 9 par 5 pour obtenir 48.

Remarque. Ainsi chercher le quotient entier d'un nombre par un autre c'est chercher le facteur entier qui multiplié par le diviseur donne le plus grand produit entier contenu dans le dividende.

2° Le dividende et le diviseur ont plusieurs chiffres et le quotient un seul.

53 - Soit à diviser 49 264 par 5486.

Diviser 49 264 par 5486, c'est (51) chercher

$$\begin{array}{c|c} 49\ 264 & \dfrac{5+1}{5486} \\ \hline & \dfrac{9}{8} \end{array}$$

Théorème.

En divisant, par le chiffre des plus hautes unités du diviseur, la partie du dividende qui exprime des unités de même ordre, on obtient le chiffre du quotient ou un chiffre trop grand.

Théorème.

En divisant, par le chiffre plus un des plus hautes unités du diviseur, la partie du dividende qui exprime des unités de même ordre, on obtient le chiffre du quotient ou un chiffre trop petit.

$$\begin{array}{c|c} 49\ 264 & 5486 \\ 43\ 888 & \\ \hline 5\ 376 & 8 \end{array}$$

le nombre qui multipliant 5486, produise 49 264 [1]. 49 264 contient donc 4 produits : le produit des mille du diviseur par le quotient, le produit des centaines du diviseur par le quotient, le produit des dixaines du diviseur par le quotient et le produit des unités du diviseur par le quotient (nous faisons abstraction du reste).

Le produit des mille du diviseur par le quotient donne des mille que l'on ne doit chercher que dans les 49 mille du dividende. 49 mille divisés par 5 mille, ou 49 divisés par 5 donne 9 qui est le chiffre du quotient ou un chiffre trop grand.

Je dis que 9 ne peut être trop petit.

En effet, 49 surpasse le produit de 5 par 9 au plus de 4 unités ; 49 mille surpassent le produit de 5 mille par 9 au plus de 4 mille. Donc le dividende 49 mille, plus 264 unités nombre moindre qu'un mille, ne contient pas 5 mille plus de 9 fois et à plus forte raison ne contient-il pas plus de 9 fois 5486 nombre plus grand que 5 mille (50).

Le quotient (entier) n'est donc pas plus grand que 9.

En divisant 49 mille par (5+1) mille ou 49 par 5+1, on obtient 8 qui est le chiffre du quotient ou un chiffre trop petit.

Je dis que 8 ne peut être trop grand.

En effet, 49 égale ou surpasse le produit de 6 par 8. 49 mille égalent ou surpasent le produit de 6 mille par 8 ; le dividende 49 264 ou 49 mille, plus 264 unités surpasse donc le produit de 6 mille par 8 et à plus forte raison le produit par 8 de 5486 nombre moindre que 6 mille (50).

Le quotient est donc 8 ou supérieur à 8.

Le quotient ne pouvant être supérieur à 9 ni moindre que 8 est l'un de ces 2 nombres. Si l'on multiplie 5486 par 9, on trouve un produit qui ne peut se retrancher du dividende.

---

[1] Nous voyons que c'est bien là une division du second cas puisque 49 264 est compris entre 5486 et 54 860 (16).

8 est donc le quotient [1].

Retranchant 43 888, produit de 5486 par 8, de 49 264, on trouve pour reste 5376.

Dans la pratique, on dit : produit 49264, facteur 5486, ou plus simplement : produit 49, facteur 8 ; je pose 8 au quotient. Faisant la soustraction en même temps que la multiplication : 8 fois 6, 48, de 54, 6 et je retiens 5 (*en vertu de l'axiome de la soustraction*) 8 fois 8, 64 et 5, 69 ; de 76, 7 et je retiens 7. 8 fois 4, 32 et 7, 39 ; de 42, 3 et je retiens 4. 8 fois 5, 40 et 4, 44 ; de 49, 5.

Le quotient est 8 et le reste 5376.

Règle.

54 — Pour diviser un nombre de plusieurs chiffres par un nombre de plusieurs chiffres, le quotient n'ayant qu'un chiffre, on écrit, pour plus de facilité, le diviseur à la droite du dividende en les séparant par un trait vertical ; on souligne le diviseur et, sous ce trait on écrit le quotient. On divise par les plus hautes unités du diviseur, la partie du dividende qui exprime des unités de même ordre. Si le produit du diviseur par le chiffre ainsi obtenu peut se retrancher du dividende, ce chiffre est le quotient cherché ; si non, on diminue ce chiffre successivement d'une unité jusqu'à ce que la soustraction puisse se faire. Ce chiffre est alors le quotient cherché.

3° Les deux termes de la division et le quotient ont plusieurs chiffres.

55 — Soit à diviser 4 926 415 par 5486.

Diviser 4 926 415 par 5486, c'est chercher le nombre qui multiplié par 5486, produise 4 926 415 ; ce nombre a 3 chiffres puisqu'il est compris entre 100 et 1.000. Nous voyons qu'en effet, le dividende est compris entre 548600 et 5 486 000, c'est-à-dire entre 5486 multiplié par 100 et 5486 multiplié par 1000.

Le quotient ayant 3 chiffres renferme des

----

(1) Il se peut qu'il y ait à faire plus d'un essai, comme dans la division de 912 par 194 où les limites sont 9 et 4, ou enfin que le quotient s'obtienne, sans aucun doute, comme dans la division de 2712 par 749, où 3 est la limite supérieure et la limite inférieure.

```
4 926 415 | 5486
4 388 8   |
__________| 897
  537 615 |
  493 74  |
__________|
   43 875 |
   38 402 |
__________|
    5 473 |
```

centaines des dixaines et des unités. Le dividende renferme donc 3 produits ; le produit des centaines du quotient par le diviseur, le produit des dixaines du quotient par le diviseur et le produit des unités du quotient par le diviseur.

Le produit des centaines du quotient par le diviseur donne des centaines que l'on ne doit chercher que dans les 49 264 centaines du dividende. Ce qui conduit à diviser 49 264 par 5486 (53) : le quotient est 8 et le reste 5376, comme nous l'avons vu, c'est-à-dire que si du dividende je retranche le produit des centaines du quotient par le diviseur, ou 43 888 centaines, le reste 537 615 [1] contient encore le produit des dixaines du quotient par le diviseur et le produit des unités du quotient par le diviseur. Le produit des dixaines du quotient par le diviseur donne des dixaines qui ne se trouvent que dans les 53 761 dixaines du reste, c'est-à-dire dans le nombre formé du reste 5376 suivi du chiffre 1 qui vient immédiatement à droite de 49 264 dans le dividende proposé. Je divise 53 761 par 5486 (53) ; le quotient est 9, 9 dixaines. 9 dixaines multipliées par 5486 donne un produit de dixaines, 49 374 dixaines qui retranchées de 53761 donnent pour second reste 4 387. Si j'avais retranché les 49 374 dixaines du second dividende partiel 537 615, j'aurais eu pour reste ou pour troisième dividende partiel 43 875.

43 875 est le nombre obtenu en écrivant le dernier chiffre 5 du dividende à la droite de 4387, reste de la division de 53 761 par 5486.

43 875 qui contient encore le produit des unités du quotient par le diviseur, divisé par 5486 donne 7 pour quotient et pour reste, 5473.

Je vais démontrer que 897 est le quotient cherché, ou le plus grand nombre de fois que 4 926 415 contient 5486.

---

(1) Ou second dividende partiel.

Théorème.

Lorsqu'on a obtenu le quotient d'une partie du dividende par le diviseur, la division du reste suivi du chiffre suivant du dividende (second cas), donne le chiffre suivant du quotient.

56 — Si 8 est le quotient de 49 264 par 5486, 89 est le quotient de 492 641 par 5486. En effet, écrire le chiffre 1 à la droite de 49 264 revient à multiplier ce nombre par 10 et à augmenter le produit de 1 unité. Or, 49 264 contient 8 fois 5486 et un reste 5376, 492 641 contient donc (50) 80 fois 5486 et un reste 53 761 ou $5376 \times 10 + 1$. 5376 reste de la division de 49 264 par 5486 est inférieur à 5486 d'au moins une unité; donc 53 760 ou 5376 dixaines est inférieur à 10 fois 5486 d'au moins une dixaine; donc 53 761 ou 53 760 augmenté de 1 unité, nombre moindre qu'une dixaine, ne contient pas 10 fois 5486. Donc en ajoutant à 80 le quotient 9 de 53 761 par 5486, ou, ce qui revient au même, en écrivant ce chiffre 9 à la droite du chiffre 8 du quotient, on obtient bien le plus grand nombre de fois que 492 641 contient 5486, c'est-à-dire le quotient de 492 641 par 5486.

De la même manière on démontrera que si 89 est le quotient de 492 641 par 5486, 897 est le quotient du dividende proposé par 5486.

Règle.

57 — Pour faire une division, on écrit, pour plus de facilité, le diviseur à la droite du dividende, en les séparant par un trait vertical; on souligne le diviseur et sous ce trait on écrit le quotient. On sépare sur la gauche du dividende assez de chiffres pour que le nombre résultant contienne au moins une fois et moins de 10 fois le diviseur. La division de ce nombre par le diviseur donne le premier chiffre du quotient. A la droite du reste, s'il y en a un, on écrit (*ou on abaisse*) le chiffre suivant du dividende et l'on obtient ainsi un nouveau dividende partiel qui, divisé par le diviseur, fournit le second chiffre du quotient. A la droite de ce second reste on abaisse le chiffre suivant du dividende, ce qui fournit un troisième dividende partiel… On continue ainsi jusqu'à ce qu'on ait abaissé tous les chiffres du dividende. Le quotient ainsi obtenu est le quotient cherché.

S'il y a un reste, c'est qu'au produit du quotient par le diviseur il faut ajouter ce reste pour obtenir le dividende.

Dans la démonstration précédente nous nous appuyons sur ce que si l'on multiplie par 10 le dividende sans toucher au diviseur, le quotient est multiplié par 10 et le reste est aussi multiplié par 10, ce qui résulte, en effet, de la définition :

Si D est le dividende, d le diviseur, q le quotient et r le reste, nous avons par définition

$$D = d \times q + r$$

et, si nous multiplions par 10, les deux nombres :

$$D \times 10 = d \times q \times 10 + r \times 10$$

58 — Si nous écrivons l'égalité précédente

$$D \times 10 = d \times 10 \times q + r \times 10$$

et si nous remarquons qu'au lieu de multiplier par 10 nous pourrions multiplier par un nombre quelconque, nous concluons ce principe :

Théorème. *On peut multiplier les deux termes d'une division par un même nombre sans changer le quotient, mais le reste est multiplié par ce nombre.*

Et par conséquent aussi :

Corollaire. *On peut diviser les deux termes d'une division par un même nombre sans changer le quotient, mais le reste est divisé par ce nombre.*

Nombre des chiffres du quotient.

59 — *Théorème* : Le nombre des chiffres d'un quotient est au plus égal au nombre plus un des chiffres du dividende diminué du nombre des chiffres du diviseur et au moins égal au nombre donné par cette différence.

Ainsi, par exemple, la division d'un nombre de 7 chiffres par un nombre de 3 chiffres a, au plus, 5 chiffres et au moins 4.

9 875 643 divisé par 657 donne 5 chiffres au quotient.

En effet,

$$657 < 987$$
$$657 \times 10\ 000 < 9\ 875\ 643 < 657 \times 100\ 000$$

le quotient est donc compris entre 10 000 et 100 000 et a par conséquent 5 chiffres : 10 000 étant le plus petit nombre de 5 chiffres.

3 478 651, par exemple, divisé par 657 donne 4 chiffres au quotient.

En effet,

$$657 < 3478$$
$$657 \times 1000 < 3\ 478\ 651 < 657 \times 10\ 000$$

le quotient a donc 4 chiffres puisqu'il est compris entre 1000 et 10000.

Remarquons que 987, dans le premier cas, 3478, dans le second, sont les premiers dividendes partiels des divisions que l'on aurait à effectuer ; que, dans le premier cas, on aurait 4 chiffres à la droite du premier dividende partiel et par conséquent, 4+1 ou 5 dividendes partiels, et comme chacun donne un chiffre au quotient, on a, dans la première division, 4+1 ou 5 chiffres au quotient.

Pour une raison semblable, dans le second, on a 3+1 ou 4 chiffres.

On peut donc dire simplement, si l'on suppose la règle de la division et les deux termes de la division connus :

Il y a, dans un quotient, autant de chiffres plus un qu'il y a de chiffres à la droite du premier dividende partiel.

Autre énoncé du *Théorème*.

60 — En vertu du numéro (58), si les deux termes de la division renferment un même nombre de zéros, on peut les effacer de part et d'autre sans changer le quotient ; mais, comme nous l'avons dit, le reste est divisé par une puissance de 10 marquée par le nombre de zéros que l'on a supprimés.

D'après la même remarque, si le diviseur seul renfermait des zéros, on pourrait les supprimer, supprimer autant de chiffres sur la droite du dividende et le quotient (entier) ne serait pas changé. Seulement, si l'on voulait connaître le reste, il faudrait multiplier le dernier par une puissance de 10 marquée par le nombre de zéros supprimés et ajouter à ce produit le nombre supprimé sur la droite du dividende.

Preuve.

61—Il résulte de la définition qu'en multipliant le diviseur par le quotient et ajoutant au produit le reste de la division, on doit retrouver le dividende.

Il en résulte aussi qu'on peut faire cette preuve par la division : retranchant le reste du dividende et divisant le résultat de cette soustraction par le quotient, on doit trouver exactement le diviseur.

Théorème.

Pour diviser un nombre par un produit, il suffit de diviser successivement par les facteurs de ce produit.

62—Soit d'abord 120 à diviser par 24, produit de 8 par 3.

120 divisé par 24 donne 5, puisque $5 \times 24 = 120$. 120 divisé par 8 donne 15, puisque $15 \times 8 = 120$. D'ailleurs 15 divisé par 3 donne 5, puisque $5 \times 3 = 15$. Il en résulte donc que $5 \times 3 \times 8 = 120$. Comme d'ailleurs, d'après le numéro (43), $5 \times 3 \times 8 = 5 \times 24$, nous concluons qu'au lieu de diviser 120 par 24, on peut diviser ce nombre par 8, par exemple, et le résultat 15 par 3.

Ce numéro (43) nous permet de démontrer aussi simplement ce théorème appliqué à un nombre quelconque de facteurs.

63—Du numéro (48) il résulte que pour diviser un produit par un nombre quelconque, il suffit de diviser, par ce nombre, l'un quelconque des facteurs.

Exercices.

1° La lieue géographique est la lieue de 25 au dégré. La lieue marine est celle de 20 au dégré. La lieue marine contient 3 milles marins. Quelle est en mètres la valeur de la lieue géographique, la valeur de la lieue marine et celle du mille marin, le tour de la terre étant de 40 000 000 de mètres?

2° Si l'on suppose que la distance moyenne du soleil à la terre soit de 35 000 000 de lieues et que la lumière du soleil mette 8 minutes 13 secondes à nous parvenir, quel est le chemin parcouru par la lumière en une seconde?

3° Combien faudrait-il de temps pour que le bruit d'un coup de canon tiré dans « du Centaure parvînt jusqu'à nous? On sait d'ailleurs que cette étoile met 3 ans et demi à nous envoyer sa lumière; que le son parcourt 340 mètres par seconde et l'on suppose que la vitesse de la lumière est de 70 000 lieues par seconde.

On écrira les divisions dans un système quelconque de numération et l'on fera ces opérations dans ce système. Ce qui fournira, comme nous l'avons dit pour les autres, une preuve de cette opération.

Divisibilité.

64 — On dit qu'un nombre est divisible par un autre nombre lorsque, le quotient étant entier, la division du premier par le second se fait sans reste. Ainsi 48 est divisible par 12, ou 12 divise 48. 48 est aussi dit multiple de 12.

On appelle multiples d'un nombre les résultats de la multiplication de ce nombre par des nombres entiers; ainsi 12, 24, 36, 48......, sont des multiples de 12.

Par exemple, 12 est dit un diviseur, un facteur, un sous-multiple ou une partie aliquote de 48.

Théorème.
Tout nombre qui divise deux autres nombres divise leur somme et leur différence.

65 — En effet, chacun de ces nombres étant divisible par le premier est égal à un nombre exact de fois ce premier nombre; donc leur somme et leur différence étant chacune un nombre exact de fois ce premier nombre sont divisibles par ce nombre [1],

---

(1) Soient A et B deux nombres divisibles tous les deux par n

$$A = nq \qquad B = nq'$$

q et q' sont entiers $\quad A + B = n(q + q')$
$$A - B = n(q - q')$$

ce qui démontre le théorème : q et q' étant entiers leur somme et leur différence sont des nombres entiers.

3

Ainsi 5, par exemple, qui divise 35 et 25 divise leur somme et leur différence.

En effet, 35 étant divisible par 5, égale un nombre exact de fois 5, 7 fois; 25 étant divisible par 5 égale un nombre exact de fois 5, 5 fois; donc leur somme 12 fois 5 ou leur différence 2 fois 5 est un nombre exact de fois 5 et, par conséquent, la somme et la différence sont divisibles par 5.

Corollaires.

1° Une somme de multiples d'un nombre est un multiple de ce nombre.

2° Tout nombre qui divise un autre nombre divise ses multiples.

3° Tout nombre qui divise un autre nombre divise les puissances de ce nombre [1].

Théorème.

Si un nombre divise une des parties d'une somme composée de 2 parties et ne divise pas l'autre partie, il ne divise pas la somme et le reste de la division de cette somme par ce nombre est le même que le reste de la division, par ce nombre, de la partie non divisible (2).

66 — Il est clair que la première partie étant un multiple de ce nombre est un nombre exact de fois ce nombre et que la seconde est un nombre exact de fois ce nombre plus un certain reste et que, par conséquent, la somme est un nombre exact plus un nombre exact ou un nombre exact de fois ce nombre plus le même reste.

Ainsi 5 divise 35, première partie du nombre 63 qui égale $35+28$ et ne divise pas 28 la seconde partie; 5, par conséquent, ne divise

---

(1) 1° Si m, m', m'', m'''.., m^n sont des multiples d'un nombre, leur somme est un multiple de ce nombre.

En effet, m et m' étant des multiples d'un nombre, m_1 leur somme (65) est un multiple de ce nombre; de même m_1 et m'' étant des multiples de ce nombre, leur somme m_2 est un multiple de ce nombre. En continuant ainsi, de proche en proche, on voit que m_n ou la somme de ces multiples est un multiple de ce nombre.

2° Nous venons de voir que la somme
$$m+m'+m''+m'''+.....+m^n$$
est un multiple d'un nombre si m, m', m'' ... m^n sont des multiples de ce nombre.

Si $m = m' = m''$..., cette somme devient
$$m(n+1)$$
résultat qui, comme la somme ci-dessus, est évidemment un multiple du nombre proposé, résul-

pas 63 et le reste 3 de la division de 63 par 5
est le même que celui de 28 ou de 25+3 par
ce même nombre.

En effet, 35 étant divisible par 5 égale un
nombre exact de fois 5, 7 fois ; 28 ou 25+3
égale un nombre exact de fois 5, 5 fois plus le
reste 3 ; donc la somme 63 est 7 fois + 5 fois
ou 12 fois 5 ou un nombre exact de fois 5,
plus le reste 3 qui est le même que celui de 28,
partie non divisible.

Théorème.
Un nombre est divisible par 2, si son dernier chiffre à droite est zéro ou un chiffre pair.

67 — Remarquons d'abord que les chiffres
2, 4, 6, 8 (chiffres pairs) sont divisibles par
2 et que 10 qui égale 2×5 est divisible par 2
et par 5 (65, 2).

420, par exemple, est divisible par 2 comme
multiple de 10 (65, 2).

426, terminé par le chiffre 6, est divisible
par 2.

En effet, $426=420+6$. La première partie
420, terminée par un zézo, est divisible par 2 ;
la seconde 6 est aussi divisible par 2. Chacune
des deux parties de ce nombre étant divisible
par 2, leur somme ou le nombre lui-même 426
est divisible par 2 (65).

---

tat dans lequel $n+1$ peut représenter tous les
nombres entiers.

3° Dans la somme primitive qui est devenue
$$m(n+1),$$
$n+1$ pouvant représenter tous les nombres entiers, nous pouvons le faire égal à m et la somme
devient m^2 ; m^2 pouvant remplacer m dans le produit précédent, si l'on fait ce changement, le
produit devient
$$m^2(n+1)$$
faisant $n+1=m$, on obtient m^3 pour la somme
primitive qui est toujours un multiple du nombre
proposé.

Il est évident que, de proche en proche, on peut
obtenir toutes les puissances de m.

(2) Si A est divisible par n, $A=nq$,
si B n'est pas divisible, $B=nq+r$
et $A+B=n(q+q')+r$.

Théorème.

Un nombre est divisible par 5 lorsque son dernier chiffre à droite est zéro ou 5.

Théorème.

Un nombre est divisible par 4 ou par 25 si ses deux derniers chiffres, à droite, forment un nombre divisible par 4 ou par 25.

Lemme (1).

Le Nombre formé de l'unité suivie d'un nombre quelconque de zéros est un multiple de 9, plus un.

Corollaire.

Le nombre formé d'un chiffre significatif suivi d'un nombre quelconque de zéros, est un multiple de 9, plus ce chiffre.

Théorème.

Un nombre est un multiple de 9, plus la somme de ses chiffres pris en valeur absolue.

---

68 — 740, par exemple, est divisible par 5, comme multiple de 10 (65, 2).

745, terminé par un 5, est divisible par 5.

En effet, $745 = 740+5$. La première partie 740, terminée par un zéro, est divisible par 5; la seconde 5, l'est aussi. Chacune des deux parties de 745 étant divisible par 5, leur somme ou le nombre 745 est divisible par 5 (65).

69 — Nous voyons d'abord que 100 qui égale 10×10 ou $2\times5\times2\times5$ ou $2^2\times5^2$, est divisible par 4 et par 25 (65, 2).

Si donc on décompose un nombre en centaines et en unités, la première partie, les centaines, étant divisible par 4 et par 25 (65, 2) si la seconde, les unités, est divisible par 4 ou par 25, chacune des deux parties étant divisible par 4 ou par 25, leur somme ou le nombre proposé est divisible par 4 ou par 25 (65).

70 — On démontrerait, de la même manière, qu'un nombre est divisible par 8 ou par 125, si le nombre formé de ses 3 derniers chiffres, à droite, est divisible par 8 ou par 125.   . . .

. . . .

71 — En effet, un tel nombre égale 1 plus le nombre formé d'autant de 9 qu'il renferme de zéros. Ainsi 10 000, par exemple, égale $9999+1$ ou un multiple de 9, plus un (66).

Ainsi 7000 est un multiple de 9, plus 7.

En effet, $7000 = 1000\times7 = (m+1)7$, égale donc 7 fois un multiple de 9 (65, 2) plus 7 fois 1 ou plus 7.

72 — Ainsi 59 837, par exemple, est un multiple de 9, plus $(5+9+8+3+7)$ ou un multiple de 9, plus 32.

---

(1) Un Lemme est une proposition servant à la démonstration d'un théorème ou à la solution d'un problème.

'En effet,

$$59\,837 = 50\,000 = m + 5$$
$$+ 9\,000 = m' + 9$$
$$+ 800 = m'' + 8$$
$$+ 30 = m''' + 3$$
$$+ 7 = \qquad 7$$

$$59\,837 = m + m' + m'' + m''' + (5+9+8+3+7)$$
$$= M + (5+9+8+3+7)$$
$$= M + 32.$$

Nous voyons donc qu'un nombre quelconque 59 837, par exemple, se décompose en 2 parties : une somme de multiples de 9 ou un multiple (65,1) représenté par M et la somme des chiffres (5+9+8+3+7) pris en valeur absolue.

La première partie, cette somme de multiples de 9 étant un multiple de 9 (65,1), si la seconde partie, la somme des chiffres, pris en valeur absolue, est aussi un multiple de 9, chacune des deux parties du nombre étant un multiple de 9, leur somme ou le nombre lui-même est un multiple de 9 (65).

Corollaire.

Un nombre est divisible par 9, si la somme de ses chiffres pris en valeur absolue, est un multiple de 9.

73 — En vertu du numéro (66) pour avoir l'excédant de 9 d'un nombre, c'est-à-dire le reste de la division de ce nombre par 9, il suffit de prendre l'excédant de 9 de la somme de ses chiffres considérés dans leur valeur absolue.

Excédant de 9 d'un nombre.

Dans la pratique pour avoir l'excédant de 9 du nombre écrit plus haut (il est inutile de nommer le second chiffre, le 9) on dira : 5 et 8, 13, l'excédant est 4; ou même : 5 et 8, 13; 4 et 3, 7 et 7, 14; 5 : l'excédant est 5.

74 — Il est facile de conclure de ce que nous venons d'étudier qu'un nombre est divisible par 3, si la somme de ses chiffres, pris en valeur absolue, est un multiple de 3.

Lemme.

Le nombre formé de l'unité suivie d'un nombre pair de zéros est un multiple de 11, plus un.

75 — Il est clair que ce nombre est égal à 1 plus le nombre que l'on obtient en remplaçant chaque zéro par un 9. Ce nombre renferme donc des tranches de 2 neufs ou de 99, plus un. Or, les nombres qu'expriment ces tranches de 99, sont des multiples de 11 (65, 2) donc leur somme est un multiple de 11 et, par conséquent, le nombre proposé est un multiple de 11, plus un (66).

Ainsi 1 000 000 étant un nombre formé de l'unité suivie d'un nombre pair de zéros, est un multiple de 11, plus un.

En effet,

$1\,000\,000 = 990\,000 + 9900 + 99 + 1$. Or, les 3 premières parties du second membre sont des multiples de 11 (65, 2). Leur somme est donc un multiple de 11 (65, 1). Le nombre 1 000 000 est donc un multiple de 11, plus un.

Ainsi 70 000, par exemple, est un multiple de 11, plus 7.

En effet, $70\,000 = 10\,000 \times 7 = (m+1)7$ 70 000 égale donc 7 fois un multiple de 11 ou un multiple de 11, plus 7 fois 1 ou plus 7.

Corollaire.

Le nombre formé d'un chiffre significatif suivi d'un nombre pair de zéros est un multiple de 11, plus ce chiffre.

Lemme.

Le nombre formé de l'unité suivie d'un nombre impair de zéros est un multiple de 11, moins un.

76 — Remarquons d'abord que 10 qui égale 11 — 1 est un multiple de 11, moins un.

Si l'on remplace par des 9 tous les zéros, sauf le dernier, il est clair qu'il suffira d'ajouter 10 au nombre ainsi obtenu pour que la somme égale le nombre proposé. Puisqu'il y a dans le nombre proposé un nombre impair de zéros, on aura dans le nombre résultant un nombre pair de 9, ou un nombre de tranches de 99. Donc le nombre est un multiple de 11, plus 10, ou un multiple de 11 plus un multiple de 11, moins un; ou, enfin (65, 1) un multiple de 11, moins un (66).

Ainsi 100 000 est un multiple de 11, moins un.

En effet,

$100\,000 = 99\,000 + 990 + 10$ or, les 2 premières parties de ce nombre étant des multiples de 11, leur somme est un multiple de 11 (65, 1); donc 100 000 est un multiple de 11, plus 10 ou un multiple de 11, moins 1 (66).

Corollaire.

Le nombre formé d'un chiffre significatif suivi d'un nombre impair de zéros est un multiple de 11, moins ce chiffre.

Ainsi 7000, par exemple, est un multiple de 11, moins 7.

En effet, $7000 = 1000 \times 7 = (m-1)7$. 7000 égale donc 7 fois un multiple, ou un multiple, moins 7 fois un ou moins 7.

Théorème.

Un nombre quelconque est un multiple de 11 augmenté de la somme de ses chiffres de rangs impairs, à partir de la droite, et diminué de la somme de ses chiffres de rangs pairs (ces chiffres étant pris en valeur absolue).

Corollaire.

Un nombre est un multiple de 11, si la somme de ses chiffres de rangs impairs diminuée de la somme de ses chiffres de rangs pairs, à partir de la droite, donne un multiple de 11.

Excédant de 11 d'un nombre.

77 — Ainsi 2975, par exemple, est un multiple de 11 augmenté de $(5+9)$ et diminué de $(7+2)$.

En effet,

$$2975 = 2000 = m \quad -2$$
$$+900 = m' +9$$
$$+70 = m'' -7$$
$$+5 = \quad +5$$

$$2975 = m + m' + m'' + (9+5) - (7+2)$$
$$= M + (9+5 - (7+2)$$

2975 égale $m + m' + m''$ une somme de multiples de 11 ou un multiple de 11 (65, 1) que je représente par M, plus une seconde partie $(9+5) - (2+7)$. La première partie, comme nous le voyons, est une somme de multiples, et, par conséquent, toujours un multiple, tandis que la seconde est la somme des chiffres de rangs impairs, à partir de la droite, diminuée de la somme des chiffres de rangs pairs.

Dans la décomposition précédente, la première partie est un multiple de 11, donc si la seconde partie, c'est-à-dire, la somme des chiffres de rangs impairs diminuée de la somme des chiffres de rangs pairs, à partir de la droite, est un multiple de 11; chacune des deux parties de ce nombre étant un multiple de 11, leur somme ou le nombre lui-même est un multiple de 11.

Ainsi 2948 est un multiple de 11, parce que cette différence est 11.

78 — En vertu du numéro (66) pour avoir l'excédant de 11 d'un nombre il faut faire la différence indiquée dans la seconde partie; dans le nombre 2975, cette différence est 14 — 9 ou 5 [1]. Ainsi 2975 est un multiple de 11, plus 5. On dit encore que l'excédant de 11, de ce nombre, est 5.

---

(1) Si l'excédant de 11 de la somme des chiffres de rangs pairs surpasse celui des chiffres de rangs impairs, on ajoute 11 au second ce qui rend la soustraction toujours possible.

PREUVES PAR 9 ET PAR 11 DE LA MULTIPLICATION ET DE LA DIVISION.

Théorème.

L'excédant de 9 ou de 11, par exemple, d'un produit quelconque est égal à l'excédant de 9 ou de 11 du produit des excédants de ses facteurs.

$$
\begin{array}{c}
5486 \\
897 \\
\hline
38402 \\
49374 \\
43888 \\
\hline
4920942
\end{array}
$$

79 — Soit proposé de faire la preuve par 9, par exemple, de la multiplication de 5486 par 897.

$$5486 \times 897 = (5481+5)(891+6) =$$
$$= 5481 \times 891 + 5 \times 891 + 5481 \times 6 + 5 \times 6$$
$$= M + 5 \times 6$$

Or, les 3 premières parties de ce produit sont des multiples de 9 (65, 2) donc leur somme est un multiple de 9 (65,1); donc le reste de la division par 9, du résultat de l'opération dépend de la quatrième partie ou du produit des excédants des facteurs.

Dans l'exemple qui nous occupe, l'excédant de 9 de 4 920 942 étant le même que celui de 5×6, il est probable que l'opération est exacte.

Il est facile de faire une décomposition analogue dans le cas de la preuve par 11 et d'en conclure la règle [1].

Théorème.

D'une division exacte l'excédant du produit des excédants des facteurs augmenté de l'excédant du reste donne pour excédant l'excédant du dividende.

80 — Soit proposé de faire la preuve par 9 ou par 11, de la division de 4 926 415 par 5486.

Faisons la preuve par 9, par exemple :
$$4\,926\,415 = 5486 \times 897 + 5473$$
$$= (5481+5)(891+6) + 5472 + 1$$

---

[1] Soit généralement, dans le multiplicande, m le plus grand multiple du nombre par lequel on fait la preuve, a son excédant, m' le multiple correspondant du multiplicateur et b l'excédant, on a

$$(m+a)(m'+b) = mm' + am' + mb + ab$$

les 3 premières parties du second membre sont des multiples du nombre considéré (65, 2) leur somme est donc un multiple de ce nombre (65, 1), donc l'excédant de ce nombre du produit total dépend de l'excédant de ab, ou du produit des excédants.

Il est facile de tirer de là la règle pour faire la preuve de la multiplication par un nombre quelconque.

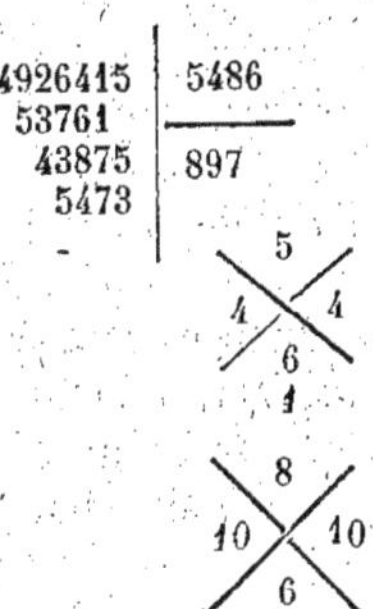

$$= 5481 \times 891 + 5 \times 891 + 5481 \times 6 + 5 \times 6$$
$$+ 5472 + 1$$
$$= M + 5 \times 6 + 1$$

L'excédant de 9 du premier membre est égal à l'excédant du second ; les 3 premiers termes du second membre ainsi que le cinquième sont des multiples de 9 (65, 2) leur somme est donc un multiple de 9 (65, 1); donc l'excédant de 9 du second membre ne dépend que de $5 \times 6 + 1$ (66); donc l'excédant du premier membre ou du dividende égale l'excédant du produit des excédants 5×6, augmenté de 1 l'excédant du reste.

Cet excédant du dividende est donc 4.

Dans l'exemple qui nous occupe l'excédant de |9 de $5 \times 6 + 1$ étant le même que celui de 4 926 445, il est probable que l'opération est exacte.

De ce qui précède il est facile de conclure la preuve par 11 de la division.

Exercices.

1° Le caractère de la divisibilité par 9 $(10 - 1)$, ou par 11 $(10 + 1)$ est vrai, quelque soit le système de numération, pour $b - 1$ ou $b + 1$, b étant la base du système.

Le démontrer d'une manière générale.

2° Si 10^n est un multiple, plus un, d'un nombre quelconque; il en est de même de 10^{2n}, de 10^{3n}..... et, par suite, un nombre partagé, à partir de la droite, en tranches de $(n - 1)$ chiffres est un multiple de ce nombre quelconque, plus la somme de ses tranches de $(n - 1)$ chiffres.

En écrivant ce nombre d'une façon analogue à (75) ou (76) on verra de suite la démonstration de ce théorème.

QUELQUES CONSÉQUENCES RELATIVES AU SYSTÈME DÉCIMAL :

1° La différence de deux nombres, composés des mêmes chiffres est un multiple de 9.

2° La différence de deux nombres, composés des mêmes tranches de 2 chiffres, à partir de la droite, sauf à compléter par un zéro la dernière à gauche, est divisible par 11 et par 9.

3° La différence de deux nombres composés des mêmes tranches de 3 chiffres, à partir de la gauche, sauf à compléter par un ou deux zéros la dernière à gauche, est divisible par 37 et par 9.

4° La différence de deux nombres composés des mêmes tranches de cinq chiffres, à partir de la droite, sauf à compléter par des zéros la dernière à gauche, est divisible par 41 et par 9.

5° La différence de deux nombres composés des mêmes tranches de 6 chiffres, à partir de la droite, sauf à compléter par des zéros la dernière à gauche, est divisible par 7, 9, 11, 13, 37.

La démonstration en est facile :
L'un de ces nombre est

$$N = m + s$$

N est le nombre partagé en tranches, m, un multiple du diviseur considéré et s la somme des tranches.

Pour l'autre nombre composé des mêmes tranches, on a

$$N' = m' + s$$

s étant le même que plus haut, par hypothèse; donc
$$N - N' = m - m'$$ *ce qui démontre le théorème* (65).

Des Nombres premiers.

81 — Un nombre est premier s'il n'est divisible que par lui-même et par l'unité : 2, 3, 5, 7, 11..... sont des nombres premiers.

Théorème.
Un nombre est premier s'il n'est divisible par aucun nombre depuis 1 jusqu'au nombre qui multiplié par lui-même donne un produit surpassant le nombre proposé.

82 — Soit, pour un instant, f le facteur qui multiplié par lui-même, produirait le nombre donné. Ce nombre est alors égal à $f \times f$; mais (50) si l'un des facteurs croît, il est évident que l'autre décroît; donc si ce nombre est divisible par un facteur plus grand que f, il l'est aussi par un facteur moindre, et réciproquement. Or, par hypothèse, il n'est divisible ni par f, ni par aucun facteur moindre que f; donc il ne l'est, non plus, par aucun plus grand; donc il n'est divisible par aucun autre nombre que l'unité et lui-même, donc, par définition, il est premier.

Ainsi 19 est premier parce qu'il n'est divisible par aucun nombre depuis 1 jusqu'à 5.

Tables des Nombres premiers.

83 — Pour faire la table des nombres premiers jusqu'à un nombre quelconque, jusqu'à 100, par exemple, on écrit la suite des nombres jusqu'à 100, puis, parcourant ces nombres, et à partir de 2 exclusivement, on barre chaque deuxième nombre; à partir de 3, chaque troisième nombre; de 5, chaque cinquième nombre et ainsi de suite.

1	2	3	4	5	6	7	8	9	10
11	12	13	14	15	16	17	18	19	20
21	22	23	24	25	26	27	28	29	30
31	32	33	34	35	36	37	38	39	40
41	42	43	44	45	46	47	48	49	50
51	52	53	54	55	56	57	58	59	60
61	.	.	.	.	.	.	.	.	.

A partir de 2, le premier nombre que l'on a effacé est $2+2$ ou 2×2, le suivant $2+2+2$ ou 2×3; le suivant, $2\times4\ldots$; c'est-à-dire que l'on a effacé tous les multiples de 2. De la même manière on voit que l'on a effacé tous les multiples de 3, de 5, de 7…

Donc les nombres non effacés sont des nombres premiers, puisqu'ils ne sont divisibles par aucun nombre depuis 1 jusqu'à 11 (82), et aussi en vertu de la remarque suivante.

84 — *Remarque.* En suivant la marche que nous venons d'indiquer, pour effacer les multiples d'un nombre, on peut, tout de suite, commencer au produit de ce nombre par lui-même, les multiples inférieurs étant effacés. Ainsi pour effacer les multiples de 7, on commence par 49, les multiples inférieurs étant effacés. En effet, tout multiple de 7 moindre que 49 est le produit de 7 par un nombre moindre que 7; il est donc multiple d'un nombre moindre que 7 et, comme tel, il est effacé.

Les nombres non effacés, ou les nombres premiers jusqu'à 100 sont 1, 2, 3, 5, 7, 11, 13, 17, 19, 23, 29, 31, 37, 41, 43, 47, 53, 59, 61, 67, 71, 73, 79, 83, 89, 97.

85 — Deux nombres sont premiers entre eux s'ils n'ont pour diviseur commun que l'unité. Ainsi 12 et 7.

86 — Car tout nombre qui les divise tous les deux, divise leur différence 1 (65).

87 — En effet, soit N le plus grand nombre premier et

$2.3.5.7.11\ldots N$ le produit de tous les nombres premiers jusqu'à N. Ce produit et

$2.3.5.7.11\ldots N{+}1$ étant deux nombres consécutifs sont premiers entre eux (86). Donc ce dernier nombre n'admet aucun des diviseurs depuis 1 jusqu'à N, donc il admet un diviseur plus grand que N; car il est évident qu'un nombre quelconque admet un diviseur premier autre que 1. Donc N n'est pas le plus grand nombre premier.

88 — On appelle facteur premier d'un nombre quelconque tout nombre premier dont ce nombre quelconque est un multiple; ainsi 2 et 3 sont les facteurs premiers de 24.

89 — En effet ce nombre n'étant pas premier est divisible par un nombre autre que lui-même et l'unité; il est donc le produit de 2 facteurs. Si les facteurs sont premiers le théorème est démontré; si l'un d'eux ne l'est pas, il est le produit de deux facteurs, pour chacun desquels on répètera le même raisonnement et il est évident qu'on arrivera finalement à n'avoir que des facteurs premiers.

Théorème.
Deux nombres consécutifs sont premiers entre eux.

Théorème.
La suite des nombres premiers est illimitée.

Théorème.
Tout nombre qui n'est pas premier, est un produit de facteurs premiers.

Du plus grand commun diviseur de deux nombres.

90 — Le plus grand commun diviseur de deux nombres est le plus grand nombre qui les divise tous les deux exactement.

Soit proposé de trouver le plus grand commun diviseur des nombres 476 et 147.

147 se divisant lui-même, s'il divise 476, est le plus grand commun diviseur [1]. J'essaie donc la division de 476 par 147 : le quotient est 3 et le reste 35 ; 147 n'est donc pas le p, g, c, d ; mais cette division n'est pas inutile puisqu'elle me permet de conclure que le $p.\,g.\,c.\,d.$ de 476 et 147 est le même que le $p.\,g.\,c.\,d.$ de 147 et 35.

En effet,
$$476 = 147 \times 3 + 35.$$

Tout nombre qui divise 476 et, 147 et par conséquent, 147×3 (65, 2), divise 35 leur différence (65). De même tout nombre qui divise 35, 147 et par conséquent 147×3, divise 476, leur somme (65). Donc les nombres divisant, à la fois, 476 et 147, sont *un à un* les mêmes que ceux qui divisent, à la fois, 147 et 35. Donc le plus grand est le même de part et d'autre, donc le plus grand commun diviseur de 476 et 147 est le même que le $p.\,g.\,c.\,d.$ de 147 et 35.

Le même raisonnement que plus haut nous fait diviser 147 par 35 ; le quotient est 4 et le reste 7. 35 n'est donc pas le $p.\,q.\,c.\,d.$ cherché. Enfin la division de 35 par 7 se faisant exactement, 7 est le $p.\,g.\,c.\,d.$

Règle. **91** — Pour trouver le $p.\,g.\,c.\,d.$ de 2 nombres, on divise le plus grand par le plus petit. Si la division se fait exactement, c'est le plus petit qui est le $p.\,g.\,c.\,d.$ S'il y a un reste, on divise le diviseur par ce reste et si la divi-

---

[1] On désigne le plus grand commun diviseur par les initiales : $p.\,g.\,c.\,d.$

sion se fait exactement, c'est le premier reste qui est le *p. q. c. d.* S'il y a un reste, on divise le dernier diviseur par le dernier reste, et ainsi de suite, jusqu'à ce que la division se fasse exactement. C'est le dernier diviseur employé qui est le *p. g. c. d.*

Si ce dernier diviseur est l'unité, c'est que les deux nombres proposés sont premiers entre eux.

92 — De l'égalité précédente,
$$476 = 147 \times 3 + 35,$$
il résulte, comme nous venons de le prouver, que tout nombre qui divise deux autres nombres, divise le reste de leur division.

Si nous écrivons les égalités successives résultant des divisions successives que nous avons effectuées, nous concluons que tout nombre qui divise deux autres nombres, divise les restes successifs de leurs divisions et, par conséquent, leur *p. g. c. d.* qui est l'un de ces restes.

93 — Il résulte du n° (58) que si l'on multiplie ou si l'on divise 2 nombres par une même quantité, leur *p. g. c. d.* est multiplié ou divisé par cette quantité.

Corollaire : Si l'on divise 2 nombres par leur *p. g. c. d.* les quotients sont premiers entre eux.

94 — On peut quelquefois abréger la recherche du *p. g. c. d.*

1° Si l'on aperçoit un facteur commun aux deux nombres, on peut diviser ces deux nombres par ce facteur, sauf à multiplier par ce facteur le *p. g. c. d.* des quotients ainsi obtenus (93).

Ainsi si l'on cherchait le *p. g. c. d.* de 47600 et 14700, on opèrerait sur 476 et 147 et l'on multiplierait ensuite par 100, 7 leur *p. g. c. d.*

2° On peut diviser l'un des nombres par un facteur qui n'appartient pas à l'autre, cette

---

$$476 = 147 \times 3 + 35$$
$$147 = 35 \times 4 + 7$$
$$35 = 7 \times 5$$

Théorème.

Tout nombre qui divise 2 autres nombres divise leur *p. g. c. d.*

Recherche abrégée.

division ne changeant évidemment rien au $p. g. c. d.$ des 2 nombres.

Ainsi au lieu de chercher le $p. g. c. d.$ de de 390 et 91, on cherche celui de 91 et 39, le nombre 91 n'ayant évidemment ni le facteur 2, ni le facteur 5.

3° Si l'un des restes est plus grand que la 1/2 du diviseur, on divise ce diviseur, non par ce reste, mais par le diviseur moins ce reste, parce que tout nombre qui divise deux autres nombres divise leur différence (65).

4° Tout nombre qui divise deux autres nombres (92) divise les restes successifs de leurs divisions, donc si, dans la suite des opérations, l'un des restes est un nombre premier et qu'il ne divise pas le précédent, ou bien si 2 restes sont premiers entre eux, il est inutile de continuer les divisions, les 2 nombres sont premiers entre eux.

Limite du nombre d'opérations à effectuer pour trouver le $p. g. c. d.$ de deux nombres.

95 — *Théorème.* Le nombre des opérations à effectuer dans la recherche du $p. g. c. d.$ de deux nombres, ne peut surpasser la valeur de x qui rend 2^x supérieur ou égal au plus petit des nombres donnés [1].

En effet, si l'on appelle n le plus petit de ces nombres et $r_1, r_2, r_3 \ldots r_x$ le premier, le second, le troisième..... le xe reste, on a

$$r_1 < \frac{n}{2}, \; r_2 < \frac{r_1}{2} \text{ et, à plus forte raison,}$$

$$r_2 < \frac{n}{2^2}; \text{ de même, à plus forte raison,}$$

$$r_3 < \frac{n}{2^3} \ldots\ldots\ldots\ldots r_x < \frac{n}{2^x}$$

Ces inégalités s'appuient sur ce que, si l'un des restes est supérieur à la 1/2 du diviseur, on divise, non par ce reste, mais par le diviseur moins ce reste (94, 3).

---

[1] Le cas où l'on trouve 1 pour reste est évidemmen celui qui peut faire supposer le plus d'opérations.

$$\text{Si } r_x = 1, \text{ on a } 1 < \frac{n}{2^x}, \text{ ou } 2^x < n$$

inégalité qui justifie la limite donnée plus haut.

96 — Ainsi 12 qui divise 120 produit de 24 par 5 et qui est premier avec 5, divise 24.

En effet, 12 et 5 étant premiers entre eux, ont 1 pour *p. g. c. d.* Je multiplie ces deux nombres par 24 et j'obtiens 12×24 et 5×24 qui ont 24 pour *p. g. c. d.* (93) or, 12 divise 12×24 qui est un de ses multiples; il divise 5×24, par hypothèse; donc 12, divisant ces 2 nombres, divise 24 leur *p. g. c. d.* (92).

97 — 5 qui divise 1155 qui égale $15 \times 7 \times 11$, divise, au moins, l'un des facteurs de ce produit.

En effet, si 5 divisait 11, le théorème serait démontré; il ne le divise pas. Puisqu'il divise le produit $(15 \times 7) \times 11$ et qu'il est premier avec 11, il divise l'autre facteur 15×7 (96). 5 divisant le produit de deux facteurs 15×7 et étant premier avec 7, divise l'autre facteur 15.

98 — Ainsi 3, par exemple, nombre premier qui divise 15^7, divise 15.

En effet, $15^7 = 15 \times 15 \times 15 \times \ldots \ldots 15$. Or, tout nombre premier qui divise un produit, divise au moins l'un des facteurs (97). Donc 3, nombre premier, qui divise 15^7, divise 15.

Il résulte de ce dernier corollaire que si deux nombres sont premiers entre eux leurs puissances sont premières entre elles.

99 — Ainsi 8415 divisible séparément par 5, 9, 11 est divisible par leur produit 495.

En effet,

8415, divisible par 5, égale 1683×5. 9 divise 8415, donc il divise le produit 1683×5. il est premier avec 5, donc il divise 1683 qui égale 187×9.

11 divise 8415, donc il divise $1683 + 5$; mais il est premier avec 5, donc il divise 1683 ou le produit 187×9 qui lui est égal; mais il est premier avec 9, donc il divise 187. 187 égale 17×11.

Théorème.

Tout nombre qui divise un produit de deux facteurs et qui est premier avec l'un d'eux, divise l'autre.

$$12 \qquad 5$$
$$1$$
$$12 \times 24 \qquad 5 \times 24$$
$$24$$

Théorème.

Tout nombre premier qui divise un produit de plusieurs facteurs, divise au moins l'un des facteurs.

Corollaire.

Tout nombre premier qui divise une puissance d'un nombre, divise ce nombre.

Corollaire.

Si 2 nombres sont premiers entre eux, leurs puissances sont premières entre elles.

Théorème.

Un nombre divisible séparément par des nombres premiers entre eux, deux à deux, est divisible par leur produit.

$$8415 = 1683 \times 5$$
$$1683 = 187 \times 9$$
$$187 = 17 \times 11$$

Si l'on remplace dans la première égalité 1683 par 187×9 après avoir remplacé 187 par 17×11, on trouve
$$8415 = 17 \, (11 \times 9 \times 5) = 17 \times 495$$
De ce théorème on déduit les caractères de divisibilité par les nombres non premiers.

Décomposition d'un nombre en ses facteurs premiers.

100 — Soit proposé de décomposer en ses facteurs premiers le nombre 792.

Ce nombre n'étant pas premier est (89) un produit de facteurs premiers que nous allons déterminer.

792 est divisible par 2 et égale 396×2 (67)

396, divisible par 2, égale 198×2

198, divisible par 2, égale 99×2

99, divisible par 3 (74), égale 33×3

33, divisible par 3, égale 11×3.

Nous avons donc finalement
$$792 = 11 \times 3 \times 3 \times 2 \times 2 \times 2 = 2^3 \times 3^2 \times 11$$
Dans la pratique on dispose l'opération de la manière suivante :

792	2
396	2
198	2
99	3
33	3
11	11

Si le nombre est terminé par des zéros, on abrége cette décomposition en remarquant que $10 = 2 \times 5$ et que si l'on a, par exemple, un nombre tel que 72 000, on décompose 72 qui égale 8×9 ou $2^3 \times 3^2$ et l'on a enfin $72\,000 = 2^6 \times 3^2 \times 5^3$.

Théorème.

Un nombre n'est décomposable qu'en un seul système de facteurs premiers.

$2^3 \times 3^2 \times 5 \times 7$
$= 2^3 \times 3 \times 5 \times 7$

101 — Supposons qu'on ait décomposé un nombre en deux systèmes de facteurs premiers; ces deux systèmes sont égaux.

Ainsi l'on n'a pas, par exemple, $2^3 \times 3^2 \times 5 \times 7$ et $2^3 \times 3 \times 5 \times 7$. En effet, de l'égalité de ces deux produits, il résulte que tout facteur premier 3, par exemple, qui divise l'un, divise aussi l'autre; donc, déjà, ces produits sont

4

composés des mêmes facteurs. En second lieu, chaque facteur y est affecté du même exposant : divisant par 3 ces deux produits on a

$$2^3 \times 3 \times 5 \times 7 = 2^3 \times 5 \times 7$$

ce qui est impossible, car 3 divisant le premier produit, divise aussi le second. Donc, dans les deux systèmes, le facteur 3 a le même exposant.

Donc les deux systèmes sont composés des mêmes facteurs premiers affectés, chacun, des mêmes exposants, ou plutôt il n'y a qu'un seul système de facteurs premiers.

102 — Si l'on avait, par exemple, 360 ou $2^3 \times 3^2 \times 5$ à multiplier par 84 ou $2^2 \times 3 \times 7$, il est clair que le produit 360×84 ou $(2^3 \times 3^2 \times 5) \times (2^2 \times 3 \times 7)$, égale (42) $2^3 \times 2^2 \times 3^2 \times 3 \times 5 \times 7$, ou $2^{3+2} \times 3^{2+1} \times 5 \times 7$, ou enfin $2^5 \times 3^3 \times 5 \times 7$ qui contient tous les facteurs premiers, communs ou non communs, des nombres que l'on multiplie.

La conséquence est, évidemment, la même pour un plus grand nombre de facteurs.

Il résulte de la définition de la division que le dividende contient les facteurs premiers du diviseur et du quotient, chacun avec un exposant égal à la somme des exposants de ces facteurs dans les deux termes de la division (46, (1)). Donc si un nombre divise un autre nombre, il ne contient que les facteurs de ce second nombre chacun avec un exposant au plus égal à l'exposant de ce facteur dans ce second nombre.

Donc

1° *Le p. p. c. m. de nombres décomposés en leurs facteurs premiers est le produit de tous les facteurs premiers communs ou non communs, affectés, chacun, de son plus grand exposant.*

2° *Le p. g. c. d. de nombres décomposés en leurs facteurs premiers est le produit des*

Etant donnés deux ou plusieurs nombres décomposés en leurs facteurs premiers, conclure le *p. g. c. d.* et le *p. p. c. m.* (1) de ces nombres.

(1) *p. p. c. m.* signifie plus petit commun multiple.

facteurs premiers communs à tous ces nombres affectés, chacun, de son plus petit exposant.

Etant donnés les nombres suivants décomposés en leurs facteurs premiers :

$$792 = 2^3 \times 3^2 \times 11,$$
$$72000 = 2^6 \times 3^2 \times 5^3,$$
$$864 = 2^5 \times 3^3,$$

On conclut

1° Que le *p. p. c. m.* de ces nombres est $2^6 \times 3^3 \times 5^3 \times 11$ ou 2 376 000 et

2° Que le *p. g. c. d.* de ces nombres est $2^3 \times 3^2$ ou 72.

Théorème.

Le nombre des diviseurs d'un nombre quelconque est égal au produit des exposants des facteurs premiers de ce nombre quelconque, augmentés chacun d'une unité.

103 — Ainsi 792, par exemple, étant égal à $2^3 \times 3^2 \times 11$, le nombre de ses diviseurs est $(3+1)(2+1)(1+1)$ ou 24.

Les diviseurs de 792 relatifs au facteur 2 sont

2^0 (1), 2^1, 2^2, 2^3 ou

1 , 2^1, 2^2, 2^3; ils sont donc au nombre de $3+1$; et il n'y en a pas d'autres. Si je multiplie par 3, ces $3+1$ nombres différents qui ne renferment pas le facteur 3, j'obtiens $3+1$ nombres ou autres diviseurs différents. Si je multiplie par 9, les $3+1$ premiers nombres qui ne renferment pas le facteur 3, ou, par 3, les $3+1$ derniers qui ne renferment le facteur 3 qu'à la première puissance, il est évident que j'obtiens encore $3+1$ nombres ou diviseurs différents. J'ai donc obtenu par les multiplications par 3 et par 9, $3+1$ plus $3+1$ ou 2 fois $3+1$ diviseurs et $3+1$ que j'avais déjà me donnent $(3+1)(2+1)$ diviseurs différents. Si je multiplie par 11 chacun de ces $(3+1)(2+1)$ diviseurs différents qui ne renferment pas le facteur 11, j'obtiens, évidemment, $(3+1)(2+1)$ nouveaux nombres ou

---

(1) Si l'on avait $\frac{2^3}{2^2}$, il est clair que le quotient serait 2 ou 2^{3-2}. Si le diviseur était 2^3, on aurait évidemment 1 pour quotient ou 2^{3-3} ou 2^0.

diviseurs différents. J'ai donc en tout 2 fois $(3+1)(2+1)$ diviseurs, ou

$$(3+1)(2+1)(1+1)$$

Il n'y en a pas d'autres parce qu'on ne peut décomposer un nombre qu'en un seul système de facteurs premiers (101) et que nous avons là tous les produits possibles de ces facteurs premiers [1].

104 — Soient les deux nombres 120 et 48, dont le *p. g. c. d.* est 24.

5 et 2 quotients de 120 et de 48 par leur *p. g. c. d.*, sont premiers entre eux (93, cor.);

Théorème.

Le *p. p. c. m.* de deux nombres est le produit de l'un de ces nombres par le quotient de l'autre par leur *p. g. c. d.* ou bien encore il égale leur *p. g. c. d.* multiplié par les quotients de ces nombres par leur *p. g. c. d.*

---

[1] Soit le nombre $a^{\alpha}\, b^{\beta}\, c^{\gamma}$ décomposé en ses facteurs premiers a, b, c : le nombre de ses diviseurs est

$$(\alpha+1)\,(\beta+1)\,(\gamma+1)$$

En effet, les diviseurs relatifs à a sont

$$a^0,\ a^1,\ a^2,\ a^3\ \ldots\ a^{\alpha}\ \text{ou}$$

1, a^1, a^2, $a^3 \ldots a^{\alpha}$, c'est-à-dire qu'ils sont au nombre de $\alpha+1$ et il n'y en a pas d'autres. Si je multiplie par b^1 ou b ces $\alpha+1$ nombres ou diviseurs différents, j'obtiens $(\alpha+1)$ nouveaux nombres ou diviseurs différents. Si je multiplie par b les $\alpha+1$ derniers, ou par b^2 les $\alpha+1$ premiers, j'obtiens encore $(\alpha+1)$ nouveaux nombres ou diviseurs différents. J'ai donc obtenu pour les diviseurs relatifs à b et à b^2, $\alpha+1$ plus $\alpha+1$ ou 2 fois $(\alpha+1)$ nouveaux nombres ou diviseurs différents. En multipliant les premiers, par exemple, par b^3, j'aurais obtenu pour les diviseurs relatifs à b, b^2, b^3, 3 fois $(\alpha+1)$ diviseurs; ...... par b^{β}, β fois $(\alpha+1)$ nouveaux nombres ou diviseurs différents et $\alpha+1$ que j'avais déjà, me donnent $\alpha+1+(\alpha+1)\beta$ ou $(\alpha+1)(\beta+1)$ diviseurs différents. De même si je multiplie ces $(\alpha+1)(\beta+1)$ diviseurs différents successivement par c, c^2, $c^3 \ldots c^{\gamma}$, j'obtiens γ fois $(\alpha+1)(\beta+1)$ nouveaux nombres ou diviseurs différents. J'ai donc en tout $(\alpha+1)(\beta+1)$ plus $(\alpha+1)(\beta+1)\gamma$ ou bien $(\alpha+1)(\beta+1)(\gamma+1)$ diviseurs différents et il n'y en a pas d'autres pour les raisons données plus haut.

d'ailleurs comme 120 qui égale 5×24 et 48 qui égale 2×24, doivent diviser leur *p. p. c. m.*, ce dernier nombre renferme (102), outre les facteurs 5 et 2 qui sont premiers entre eux, le *p. p. m.* de 24 ou 24. Ce *p. p. c. m.* cherché est donc $24 \times 5 \times 2$ ou 120×2 ou $120 \times \dfrac{48}{24}$

Ce *p. p. c. m.* étant égal à $24 \times 5 \times 2$, on peut dire que le *p. p. c. m.* de deux nombres égale leur *p. g. c. d.* multiplié par les quotients de ces nombres par leur *p. g. c. d.*

Exercices.

1° On a compté les élèves d'une étude par groupes de 4 et il en restait 3, par groupes de 5 et il en restait 3. Quel est le plus petit nombre d'élèves que pouvait renfermer cette étude?

2° Quel est le plus petit nombre qui, divisé par 9, 10, 24, donne toujours 5 pour reste ?

3° Le produit de cinq nombres entiers consécutifs est divisible par 120.

4° Tout nombre premier supérieur à 3 est un multiple de 6 plus ou moins une unité.

5° Les preuves par 9 et par 11 d'une multiplication ou d'une division ayant réussi, s'il y a erreur, quelle est la moindre possible? Le démontrer.

6° Nous pouvons maintenant ajouter que les différences obtenues dans les exercices de la page (41) (*Conséquences relatives au système décimal*) sont, la seconde, divisible par 9×11; la troisième, par 9×37; la quatrième, par 9×41, et la cinquième, par $7 \times 9 \times 11 \times 13 \times 37$.

7° Le P. G. C. D. de deux nombres est-il le même que celui de la somme de ces deux nombres et de l'un d'eux; que celui de la différence de ces deux nombres et de l'un d'eux; que celui de la somme de ces deux nombres et de leur différence ?

8° Conclure des opérations faites pour trouver le *p. g. c. d.* de deux nombres, les quotients de ces deux nombres par leur *p. g. c. d.* — Règle pratique pour obtenir ces quotients [1].

DES FRACTIONS.

(6, 14...)

105—L'expression fractionnaire équivalente à un nombre fractionnaire a pour numérateur le produit du dénominateur de la fraction par

---

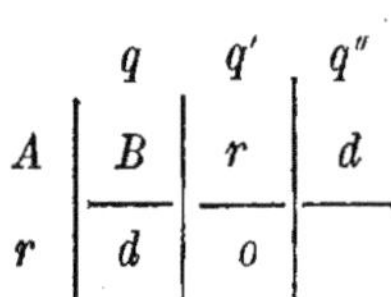

$$\begin{array}{c|c|c|c}
 & q & q' & q'' \\
A & B & r & d \\
 & \overline{} & \overline{} & \overline{} \\
r & d & o &
\end{array}$$

(1) Si A et B sont deux nombres dont le *p. g. c. d.* est d, les restes r, d, o et q, q' q'' les quotients successifs, on a

$$\text{B}=d\,(q'\,q''+1) \qquad \text{A}=d\,[(q'\,q''+1)\,q+q'']$$

d'où $\dfrac{\text{B}}{d}=q'\,q''+1$ $\dfrac{\text{A}}{d}=(q'\,q''+1)\,q+q''$

formules qui tracent cette règle très-simple :

Pour avoir $\dfrac{\text{B}}{d}$, on fait le produit des deux derniers quotients et l'on ajoute le dernier reste divisé par le *p. g. c. d.*

Pour avoir $\dfrac{\text{A}}{d}$, on multiplie $\dfrac{\text{B}}{d}$ par le quotient précédent et l'on ajoute le reste qui précède divisé par le *p. g. c. d.*

Si au lieu de 3 divisions, on en a 4, 5..., on continue de la même manière à multiplier le dernier nombre obtenu par le quotient précédent et à ce produit on ajoute le reste de cette même division divisé par le *p. g. c. d.* et ainsi de suite comme l'indiqueraient les formules qu'il serait facile d'obtenir.

Ainsi pour obtenir les quotients de 476 et 147 par leur *p. g. c. d.*, on dira :

$$\begin{array}{c|c|c|c}
 & 3 & 4 & 5 \\
476 & 147 & 35 & 7 \\
35 & \overline{} & \overline{} & \overline{} \\
\overline{} & 7 & 0 & \\
5 & & &
\end{array}$$

4 fois 5, 20 et 1, 21 $\dfrac{\text{B}}{d}=21$

3 fois 21, 63 et 5, 68 $\dfrac{\text{A}}{d}=68$

On pourra même, comme nous l'avons fait ici, écrire au-dessous des restes ces mêmes restes divisés par le *p. g. c. d.*, ce qui rendra l'opération très-rapide.

le nombre entier augmenté du numérateur de la fraction, et pour dénominateur, le dénominateur de la fraction.

La partie entière du nombre fractionnaire correspondant à une expression fractionnaire, est la partie entière du quotient de la division du numérateur par le dénominateur de cette expression et la fraction de ce nombre fractionnaire a pour numérateur le reste de cette division et pour dénominateur le dénominateur de cette expression fractionnaire.

CHANGEMENTS QU'ON FAIT SUBIR A UNE FRACTION PAR VOIE D'ADDITION, DE SOUSTRACTION, DE MULTIPLICATION ET DE DIVISION.

Théorème.

Si, sans changer le dénominateur d'une fraction, on augmente le numérateur d'un nombre quelconque, la résultante est plus grande que la première.

106 — Soit, par exemple, $\frac{7}{13}$; au numérateur de laquelle j'ajoute 4, j'obtiens $\frac{11}{13}$ qui est plus grande que $\frac{7}{13}$

En effet, dans les deux cas, l'unité est partagée en 13 parties égales. Dans le second cas je prends 4 de ces parties de plus que dans le premier. La seconde fraction est donc plus grande que la première.

Corollaire.

Si, sans changer le dénominateur d'une fraction, on retranche du numérateur un nombre quelconque, la résultante est moindre que la première.

Théorème :

Si, sans changer le numérateur d'une fraction, on ajoute un nombre quelconque au dénominateur, la résultante est moindre que la première.

107 — Soit, par exemple, $\frac{7}{13}$ au dénominateur de laquelle j'ajoute 4. J'obtiens $\frac{7}{17}$ qui est moindre que $\frac{7}{13}$.

En effet, dans la première fraction l'unité est divisée en 13 parties égales, tandis que dans la seconde elle l'est en 17 parties égales. Ces dernières parties égales plus nombreuses sont donc moindres que les premières et, comme dans les deux cas, on n'en prend que le même nombre, 7, il s'en suit que la seconde est moindre que la première.

Corollaire. *Si, sans changer le numérateur d'une fraction, on retranche un nombre quelconque du dénominateur, la résultante est plus grande que la première.*

Théorème.
Si l'on ajoute un même nombre quelconque aux deux termes d'une fraction, la résultante est plus grande que la première.

108 — Soit, par exemple, $\frac{7}{13}$ aux deux termes de laquelle j'ajoute 4. La résultante $\frac{11}{17}$ est plus grande que $\frac{7}{13}$.

En effet, à $\frac{7}{13}$, il manque $\frac{6}{13}$ pour égaler l'unité; à $\frac{11}{17}$ il manque $\frac{6}{17}$ pour égaler l'unité. Or, $\frac{1}{17}$ est moindre que $\frac{1}{13}$ (107). Il manque donc moins à $\frac{11}{17}$ pour égaler l'unité qu'à $\frac{7}{13}$, la seconde fraction $\frac{11}{17}$ est donc plus grande que la première.

Corollaire. *Si l'on retranche un même nombre quelconque des deux termes d'une fraction, la résultante est moindre que la première.*

Théorème.
Si l'on ajoute un même nombre quelconque aux deux termes d'une expression fractionnaire, la résultante est moindre que la première.

109 — Soit $\frac{13}{6}$ aux deux termes de laquelle j'ajoute 4. L'expression résultante $\frac{17}{10}$ est moindre que $\frac{13}{6}$.

En effet, $\frac{13}{6}$ surpasse l'unité de $\frac{7}{6}$; $\frac{17}{10}$ surpasse l'unité de $\frac{7}{10}$; or, $\frac{7}{10}$ (107) est moindre que $\frac{7}{6}$; $\frac{17}{10}$ surpasse donc l'unité d'une quantité moindre que la quantité dont $\frac{13}{6}$ surpasse

l'unité ; $\frac{17}{10}$ est donc moindre que $\frac{13}{6}$ (1).

Si l'on retranche un même nombre des deux termes d'une expression fractionnaire, la résultante est plus grande que la première.

---

(1) Il n'est pas sans intérêt de remarquer qu'une fraction ou une expression fractionnaire passe par tous les états de grandeurs entre $+\infty$ (*) et $-\infty$ quand la quantité que l'on ajoute aux deux termes, varie de $+\infty$ à $-\infty$.

Ainsi $\frac{7}{13}$, par exemple, a pour limite l'unité et s'en approche indéfiniment quand la quantité que l'on ajoute aux deux termes croît indéfiniment.

Si l'on retranche un même nombre des deux termes, la fraction diminue ; elle atteint zéro quand on retranche 7 des deux termes. Si l'on continue à retrancher des nombres croissants, l'expression est négative ; elle décroît très-rapidement quand on retranche des nombres dans le voisinage de 12 et au-delà ; elle est infinie négativement quand on retranche 13 des deux termes ; car on a $\frac{-6}{0}$. Elle passe brusquement de l'infini négatif à l'infini positif (**) ; elle décroît rapi-

---

(*) ∞ signifie l'infini.

(**) Une quantité finie quelconque divisée par 0 est l'infini. Ainsi $\frac{1}{x}$, par exemple, tend vers l'infini si x tend vers zéro.

On s'en rend facilement compte en donnant à x les valeurs successives $\frac{1}{10}$, $\frac{1}{100}$, $\frac{1}{1000}$ .... $\frac{1}{10^6}$ ..... $\frac{1}{10^n}$. On obtient successivement 10, 100, 1000 ..... 10^6 .... 10^n. Ce résultat peut évidemment surpasser toute grandeur assignable.

Théorème.

Une fraction dont le dénominateur ne change pas et dont on multiplie le numérateur par un nombre quelconque, devient ce nombre de fois la première.

110 — Soit, par exemple, $\frac{5}{11}$ dont je multiplie le numérateur par 3. J'obtiens $\frac{15}{11}$ qui est 3 fois la première.

En effet, dans les deux cas l'unité est partagée en 11 parties égales ; dans le premier cas je prends 5 de ces parties et dans le second 3 fois 5 de ces mêmes parties égales ; j'ai donc bien 3 fois la fraction $\frac{5}{11}$.

Corollaire.

Si, sans changer le dénominateur d'une fraction, on divise le numérateur par un nombre quelconque, la résultante est, de la première, une fraction marquée par 1 sur ce nombre quelconque.

Dans ce cas, si l'on divise le numérateur de $\frac{15}{11}$ par 3, la résultante est le $\frac{1}{3}$ de la première.

---

dement quand on retranche des nombres dans le voisinage de 14. Enfin elle tend de nouveau vers l'unité quand la quantité que l'on retranche croît indéfiniment.

L'expression $\frac{-13}{-6}$, par exemple, décroît constamment quand le même nombre qu'on ajoute aux deux termes croît indéfiniment et cette expression a pour limite 1.

Si l'on fait croître la même quantité que l'on retranche des deux termes, l'expression résultante croît constamment, et très-rapidement de 5 à 6, valeur pour laquelle elle atteint l'infini positif. Elle passe brusquement à l'infini négatif, continue à croître relativement à mesure que croît la quantité que l'on retranche des deux termes, atteint zéro quand on retranche 13 des deux termes, continue à croître constamment et tend de nouveau vers l'unité quand la quantité retranchée croît indéfiniment.

Ainsi ces expressions s'étendent de l'unité à plus ou moins l'infini.

Théorème.

Une fraction dont le numérateur ne change pas et dont on multiplie le dénominateur par un nombre quelconque, devient, de la première, une fraction marquée par 1 sur ce nombre quelconque.

III — Soit, par exemple, $\frac{5}{11}$ dont je multiplie le dénominateur par 3.

J'obtiens $\frac{5}{33}$ qui est le $\frac{1}{3}$ de la première.

En effet, partager l'unité en 33 parties égales au lieu de la partager en 11, revient, évidemment, à partager en 3 parties égales chacune des 11 parties de l'unité. Chacune des 33 parties égales n'est donc que le $\frac{1}{3}$ d'une des 11 parties primitives et comme on ne prend que le même nombre de parties dans les deux cas, il s'ensuit que $\frac{5}{33}$ est le $\frac{1}{3}$ de $\frac{5}{11}$.

Corollaire.

Si, sans changer le numérateur d'une fraction, on divise le dénominateur par un nombre quelconque, la résultante est ce nombre de fois la première.

Théorème.

Une fraction ne change pas de valeur quand on multiplie ses deux termes par un même nombre.

112 — Soit, par exemple, $\frac{5}{11}$ dont je multiplie les deux termes par 3.

J'obtiens $\frac{15}{33}$ qui égale $\frac{5}{11}$.

En effet, en multipliant par 3 le numérateur de $\frac{5}{11}$, sans changer le dénominateur, j'obtiens $\frac{15}{11}$ qui est 3 fois $\frac{5}{11}$ (110). En multipliant par 3 le dénominateur de $\frac{5}{11}$ sans changer le numérateur, j'obtiens $\frac{5}{33}$ qui est le $\frac{1}{3}$ de $\frac{5}{11}$ (111). Donc en faisant simultanément ces deux multiplications, j'obtiens $\frac{15}{33}$ qui est 3 fois le $\frac{1}{3}$ de $\frac{5}{11}$ ou qui égale $\frac{5}{11}$.

Corollaire. *Une fraction ne change pas de valeur quand on divise ses deux termes par un même nombre.*

Réduction des fractions au même dénominateur.

Règle générale (pour deux fractions).

113 — *Théorème.* Pour réduire deux fractions au même dénominateur on multiplie les deux termes de chacune par le dénominateur de l'autre fraction.

Les fractions résultantes ont même valeur que les primitives puisqu'on a multiplié les deux termes de chacune par un même nombre (112) et elles ont même dénominateur puisque le dénominateur résultant est le produit des dénominateurs primitifs (39).

Règle du p. p. c. d.

On suit la règle précédente quand les dénominateurs sont premiers entre eux ; s'ils ne le sont pas, on prend pour dénominateur commun leur *p. p. c. m.* qui est leur *p. p. c.* dénominateur et l'on obtient le numérateur de chaque nouvelle fraction en multipliant le numérateur primitif par le quotient du *p. p. c. m.* par le dénominateur primitif.

Règle générale (pour plusieurs fractions).

114 — *Théorème.* Pour réduire plusieurs fractions au même dénominateur, on multiplie les deux termes de chaque fraction par le produit des dénominateurs de toutes les autres.

Pour les raisons données plus haut, elles n'ont pas changé de valeur et elles ont même dénominateur.

On suit cette règle si les dénominateurs sont premiers entre eux. S'ils ne le sont pas, on suit la règle du *p. p. c.* dénominateur.

Exercices.

Réduire au même dénominateur :

1° $\dfrac{4}{5}, \quad \dfrac{6}{7}.$

Les dénominateurs 5 et 7 étant premiers

entre eux, je suis la règle générale : Je multiplie les deux termes de la première fraction
par 7 et par 5, les deux termes de la seconde,
j'obtiens

$$\frac{4\times7}{5\times7}, \quad \frac{6\times5}{7\times5} \quad \text{ou} \quad \frac{28}{35}, \quad \frac{30}{35}.$$

$$2° \qquad \frac{5}{6}, \quad \frac{11}{12}$$

12 étant un multiple de 6 et, par conséquent, le $p.\ p.\ m.$ des dénominateurs, je suis
la règle du $p.\ p.\ c.\ d.$ (113) ; je multiplie donc
les 2 termes de la première par 2, quotient de
12 par 6. J'obtiens

$$\frac{5\times2}{6\times2}, \quad \frac{11}{12} \quad \text{ou} \quad \frac{10}{12}, \quad \frac{11}{12}.$$

$$3° \qquad \frac{2}{3}, \quad \frac{4}{5}, \quad \frac{8}{11}.$$

Les dénominateurs étant premiers entre eux,
je suis la règle générale (114) : je multiplie les
deux termes de $\frac{2}{3}$ par le produit, 5×11,
des autres dénominateurs ; les deux termes
de $\frac{4}{5}$ par le produit, 3×11, des deux
autres dénominateurs; et enfin les deux termes
de $\frac{8}{11}$ par 3×5. J'obtiens

$$\frac{2\times5\times11}{5\times5\times11}, \quad \frac{4\times3\times11}{5\times3\times11}, \quad \frac{8\times3\times5}{11\times3\times5} \quad \text{ou}$$

$$\frac{110}{165}, \quad \frac{132}{165}, \quad \frac{120}{165}.$$

$$4° \qquad \frac{2}{3}, \quad \frac{5}{6}, \quad \frac{7}{8}, \quad \frac{11}{12}, \quad \frac{19}{24}.$$

Ici, 24 étant le $p.\ p.\ c.\ m.$ des dénominateurs, je le prends pour dénominateur commun et, d'après la règle du $p.\ p.\ c.\ d.$ (113),
je multiplie le numérateur 2 par 8, quotient

de 24 par 3 ; le numérateur 5 par 4, quotient de 24 par 6 . . . . j'obtiens

$$\frac{2\times8}{24},\ \frac{5\times4}{24},\ \frac{7\times3}{24},\ \frac{11\times2}{24},\ \frac{19}{24}\quad\text{ou}$$

$$\frac{16}{24},\ \frac{20}{24},\ \frac{21}{24},\ \frac{22}{24},\ \frac{19}{24}.$$

$$5°\quad \frac{3}{4},\ \frac{7}{10},\ \frac{11}{12},\ \frac{13}{15},\ \frac{17}{20},\ \frac{23}{24},\ \frac{19}{30}.$$

Les dénominateurs n'étant pas premiers entre eux, je suis la règle du *p. p. c. d.* (113).

Dans la pratique. on peut de la manière suivante, écrire au-dessus de chaque fraction , le dénominateur décomposé en ses fracteurs premiers, puis écrire le *p. p. c. d.*

$$\overset{2^2}{\frac{3}{4}},\ \overset{2\times5}{\frac{7}{10}},\ \overset{2^2\times3}{\frac{11}{12}},\ \overset{3\times5}{\frac{13}{15}},\ \overset{2^2\times5}{\frac{17}{20}},\ \overset{2^3\times3}{\frac{23}{24}},\ \overset{2\times3\times5}{\frac{19}{30}}$$

$$\text{D}^{(1)}=2^3\times3\times5=120.$$

Remarques. Il faut, si l'on veut devenir calculateur, faire, jusqu'à ce qu'elles soient instantanées, de ces décompositions en facteurs premiers.

Un bon élève, à l'inspection de ces fractions, doit voir, immédiatement, que le *p. p. c. m.* cherché est 120.

Il va, sans se dire, que l'élève exercé ne s'occupe, dans la décomposition qui précède, que de 24 et 30, puisque 4 et 12 sont des diviseurs de 24, ainsi que 10 et 15 des diviseurs de 30 ; les facteurs de 20 étant, évidemment, ceux des deux dénominateurs considérés.

Les dernières fractions, réduites au même dénominateur, sont

$$\frac{90}{120},\ \frac{84}{120},\ \frac{110}{120},\ \frac{104}{120},\ \frac{102}{120},\ \frac{115}{120},\ \frac{76}{120}.$$

---

(1) D, c'est-à-dire le *p. p. c. m.* des dénominateurs.

Simplification des fractions.

115. — Simplifier une fraction c'est la remplacer par une autre qui lui soit égale et qui ait des termes plus petits.

L'esprit ne se figure pas bien la valeur de $\frac{1152}{1728}$ et conçoit facilement celle de $\frac{2}{3}$. Simplifier une expression fractionnaire, c'est la remplacer par un nombre fractionnaire dont la fraction est simplifiée. On ne conçoit pas bien la valeur de $\frac{8064}{1728}$, celle de $4\frac{1152}{1728}$ se voit déjà mieux et enfin celle de $4\frac{2}{3}$ se voit parfaitement.

Théorème.

Une fraction égale à une autre fraction dont les deux termes sont premiers entre eux est telle que ses termes sont des équimultiples des deux termes de la seconde.

116 — Ainsi $\frac{24}{36}$ qui égale $\frac{2}{3}$ est telle que ses deux termes sont des équimultiples des deux termes de la fraction $\frac{2}{3}$.

En effet, $\frac{24}{36} = \frac{2}{3}$, revient à $24 = \frac{2 \times 36}{3}$

Le premier membre de cette égalité est un nombre entier, donc le second membre est aussi entier; donc **3** divise 2×36; mais il est premier avec **2**, donc il divise 36.

Donc $24 = \frac{2 \times 3 \times 12}{3}$ ou $\begin{aligned} 36 &= 3 \times 12 \\ 24 &= 2 \times 12 \end{aligned}$

Donc 24 et 36 sont bien des équimultiples de 2 et de 3.

Corollaires.

1° Une fraction dont les deux termes sont premiers entre eux, ne peut se simplifier; on la dit *irréductible* parce qu'elle ne peut se réduire à une forme plus simple.

2° Deux fractions *irréductibles* égales sont identiques.

117 — Si une fraction dont les deux termes sont premiers entre eux est *irréductible*, ou simplifie une fraction en divisant les deux termes par leur *p. g. c. d.* (93, Cor.)

Il est souvent préférable de diviser les deux termes de la fraction par les diviseurs que l'on aperçoit immédiatement.

Ainsi pour simplifier $\frac{3960}{5544}$ on divise les deux termes successivement par 11, 9, 8 et l'on écrit

$$\frac{3960}{5544} = \frac{360}{504} = \frac{40}{56} = \frac{5}{7}$$

Des Opérations sur les Fractions.

ADDITION DES FRACTIONS (21).

118 — Les quantités dont on fait la somme devant être de même espèce,

Pour faire une addition de fractions, on les réduit au même dénominateur, on fait la somme des numérateurs, à cette somme on donne pour dénominateur le dénominateur commun et l'on simplifie, s'il y a lieu.

S'il s'agissait de nombres fractionnaires, on ferait séparément la somme des fractions et celle des nombres entiers.

SOUSTRACTION DES FRACTIONS (25).

119 — Les quantités dont on fait la différence devant être de même espèce,

Pour faire une soustraction de fractions, on les réduit au même dénominateur et du numérateur de la fraction dont on doit soustraire on retranche le numérateur de l'autre fraction et à cette différence on donne pour dénominateur le dénominateur commun. On simplifie, s'il y a lieu.

Si l'on devait soustraire l'un de l'autre deux nombres fractionnaires, on ferait successivement la différence des fractions et celle des nombres entiers.

Exercices.

1° Soit proposé de faire la somme des fractions du N° 5, *p.* 62.

Ces fractions, exprimant toutes des 120es, sont réduites au même dénominateur, je cherche combien, réunies, elles font de 120es; je fais donc, d'après la règle de l'addition (118), la somme des numérateurs. J'obtiens

$$\frac{90+84+110+104+102+115+76}{120} \quad \text{ou} \quad \frac{681}{120} \quad \text{ou}$$

$$5\,\frac{81}{120} \quad \text{ou} \quad 5\,\frac{27}{40}$$

2° Supposons que de la somme des fractions du N° 5, *p.* 62, on veuille retrancher la somme des fractions du N° 4, *p.* 61.

La somme des fractions du N° 5 est $5\,\frac{81}{120}$, celle des fractions du N° 4, $4\,\frac{1}{12}$;

Si, de la première somme, je retranche la seconde, après avoir réduit en 120es la fraction $\frac{1}{12}$ qui égale $\frac{10}{120}$, j'obtiens, en suivant la règle de la soustraction (119), pour la différence cherchée,

$$1\,\frac{71}{120}$$

Problème.

5 barques ont transporté, la première 2 tonnes $\frac{3}{4}$ d'une certaine marchandise; la seconde, 3 tonnes $\frac{5}{8}$; la troisième, 4 tonnes $\frac{9}{10}$; la quatrième, 5 tonnes $\frac{13}{16}$ et la cinquième, 7 tonnes $\frac{17}{20}$. On en a vendu, d'une part, 6 tonnes $\frac{2}{5}$ et d'une autre part, 11 tonnes $\frac{19}{40}$; combien reste-t-il de cette marchandise?

Réponse : 7 tonnes $\frac{1}{16}$.

5

MULTIPLICATION DES FRACTIONS (39).

Nous distinguerons quatre cas principaux dans la multiplication des fractions :

1° Multiplication d'une fraction par un nombre entier,

2° Multiplication d'un nombre entier par une fraction,

3° Multiplication d'une fraction par une fraction,

4° Multiplication d'un nombre fractionnaire par un nombre fractionnaire.

Multiplication d'une fraction par un nombre entier.

120 — Soit $\frac{3}{4}$ à multiplier par 5.

(29) Multiplier $\frac{3}{4}$ par 5, c'est, par définition, chercher le nombre formé de $\frac{3}{4}$ comme 5 est formé de l'unité. 5 est formé de 5 fois l'unité ; donc le nombre cherché est formé de 5 fois $\frac{3}{4}$ ou égale 5 fois $\frac{3}{4}$ c'est donc $\frac{3 \times 5}{4}$ (110) ou $\frac{15}{4}$ ou $3\frac{3}{4}$.

D'où cette règle :

Pour multiplier une fraction par un nombre entier, on multiplie le numérateur de la fraction par l'entier et l'on donne à ce produit, pour dénominateur, le dénominateur de la fraction. On simplifie, s'il y a lieu (115).

Multiplication d'un nombre entier par une fraction.

121 — Soit 5 à multiplier par $\frac{3}{4}$.

(29) Multiplier 5 par $\frac{3}{4}$, c'est chercher le nombre formé de 5 comme $\frac{3}{4}$ est formé de l'unité. $\frac{3}{4}$ est formé de 3 fois le $\frac{1}{4}$ de l'unité, donc le nombre cherché est formé de 3 fois le

$\frac{1}{4}$ de 5. Le $\frac{1}{4}$ de 5 est $\frac{5}{4}$ (111) et 3 fois ce

$\frac{1}{4}$ est $\frac{5\times 3}{4}$ (110) ou $\frac{15}{4}$ ou $3\frac{3}{4}$.

De là cette règle :

Pour multiplier un nombre entier par une fraction, on multiplie le nombre entier par le numérateur de la fraction et à ce produit on donne pour dénominateur le dénominateur de la fraction On simplifie, s'il y a lieu.

Remarque. Des numéros précédents il résulte que $\frac{3}{4}\times 5 = 5\times\frac{3}{4}$ (39). On peut donc intervertir l'ordre de deux facteurs d'un produit, lors même que l'un d'eux est fractionnaire.

Multiplication d'une fraction par une fraction (fraction ou expression fractionnaire).

122 — Soit $\frac{3}{4}$ à multiplier par $\frac{5}{6}$.

(29) Multiplier $\frac{3}{4}$ par $\frac{5}{6}$, c'est, par définition, chercher le nombre formé de $\frac{3}{4}$ comme $\frac{5}{6}$ est formé de l'unité. $\frac{5}{6}$ est formé de 5 fois le $\frac{1}{6}$ de l'unité, donc le produit cherché est 5 fois le $\frac{1}{6}$ de $\frac{3}{4}$. Le $\frac{1}{6}$ de $\frac{3}{4}$ est $\frac{3}{4\times 6}$ (111) et 5 fois ce $\frac{1}{6}$ est $\frac{3\times 5}{4\times 6}$ (110) ou $\frac{15}{24}$ ou $\frac{5}{8}$.

Ce qui nous apprend que *pour multiplier une fraction par une fraction, on fait le produit des numérateurs, celui des dénominateurs et qu'au premier produit on donne le second pour dénominateur. On simplifie, s'il y a lieu* (115).

Remarque. L'expression que nous venons d'écrire comme résultat indiqué de la multiplication précédente, nous montre que $\frac{3}{4}\times\frac{5}{6}=\frac{5}{6}\times\frac{3}{4}$ (39). On peut donc intervertir l'ordre des deux facteurs d'un produit, lors même qu'ils sont tous les deux fractionnaires.

Des trois numéros précédents il résulte que l'on peut, sans changer la valeur d'un produit, intervertir l'ordre des facteurs de ce produit, qu'ils soient ou non tous les deux fractionnaires.

Multiplication d'un nombre fractionnaire par un nombre fractionnaire.

123 — Soit à multiplier $2\frac{3}{4}$ par $7\frac{5}{6}$.

On réduit ces nombres fractionnaires en expressions fractionnaires et l'on a $\frac{11}{4}$ à multiplier par $\frac{47}{6}$. On est ramené au cas précédent (**122**).

Le produit est $\frac{11 \times 47}{4 \times 6}$ ou $\frac{517}{24}$ ou $21\frac{13}{24}$

On pourrait ne pas réduire ces nombres fractionnaires en expressions fractionnaires et faire séparément la multiplication des deux parties du multiplicande par les deux parties du multiplicateur, ce qui donnerait les quatre produits :

$$2\times 7,\quad \frac{3}{4}\times 7,\quad 2\times\frac{5}{6},\quad \frac{3}{4}\times\frac{5}{6} \quad \text{ou}$$

$$14,\quad \frac{21}{4},\quad \frac{10}{6},\quad \frac{15}{24} \quad \text{ou}$$

$$14,\quad \frac{126}{24},\quad \frac{40}{24},\quad \frac{15}{24} \quad \text{ou}$$

$$14 + \frac{181}{24} \quad \text{ou} \quad 21\frac{13}{24}$$

Observation : Si l'on considérait un nombre entier comme ayant l'unité pour dénominateur, on n'aurait plus qu'un seul cas : multiplication d'une fraction par une fraction (**122**).

124 — *Nota.* Il résulte de (**121**) et (**122**) que multiplier un nombre par une fraction, c'est prendre cette fraction du nombre.

CAS PARTICULIERS.

Nous n'examinerons qu'un seul cas particulier qui, bien compris, permettra de traiter convenablement les autres.

125 — Soit $\dfrac{21}{55}$ à multiplier par $\dfrac{5}{7}$.

Multiplier $\dfrac{21}{55}$ par $\dfrac{5}{7}$ c'est (124) prendre les $\dfrac{5}{7}$ de $\dfrac{21}{55}$: le $\dfrac{1}{7}$ de $\dfrac{21}{55}$, c'est $\dfrac{21 : 7}{55}$ (110, Cor.) et 5 fois ce $\dfrac{1}{7}$, c'est $\dfrac{21 : 7}{55 : 5}$ (111, Cor.) ou $\dfrac{3}{11}$.

D'où cette règle :

Si le numérateur de la fraction multiplicande est divisible par le dénominateur de la fraction multiplicateur et le dénominateur de la fraction multiplicande par le numérateur de la fraction multiplicateur, on effectue ces divisions et au premier quotient on donne le second pour dénominateur.

DIVISION DES FRACTIONS (51).

Nous distinguerons dans la division des fractions quatre cas principaux :

1° Division d'une fraction par un nombre entier,

2° Division d'un nombre entier par une fraction,

3° Division d'une fraction par une fraction,

4° Division d'un nombre fractionnaire par un nombre fractionnaire.

Division d'une fraction par un nombre entier.

126 — Soit $\dfrac{3}{4}$ à diviser par 5.

(54) Diviser $\dfrac{3}{4}$ par 5, c'est chercher le nombre qui multiplié par 5, produise $\dfrac{3}{4}$. Ce

nombre est donc le $\frac{1}{5}$ de $\frac{1}{4}$ ou $\frac{3}{4\times5}$ (111) ou $\frac{3}{20}$.

De là cette règle :

Pour diviser une fraction par un nombre entier, on multiplie le dénominateur de cette fraction par le nombre entier. On simplifie, s'il y a lieu.

Division d'un nombre entier par une fraction.

127 — Soit 5 à diviser par $\frac{3}{4}$.

(51) Diviser 5 par $\frac{3}{4}$, c'est chercher le nombre qui multiplié par $\frac{3}{4}$, produise 5. 5 est donc les $\frac{3}{4}$ du quotient cherché (124). Un seul quart de ce quotient est le $\frac{1}{3}$ de ses $\frac{3}{4}$ ou $\frac{5}{3}$ et les 4 quarts du quotient ou le quotient lui-même, $\frac{5\times4}{3}$ (110) ou $5\times\frac{4}{3}$ ou $\frac{20}{3}$ ou $6\frac{2}{3}$.

D'où cette règle :

On divise un nombre entier par une fraction en multipliant ce nombre entier par la fraction diviseur renversée.

Division d'une fraction par une fraction (fraction ou expression fractionnaire).

128 — Soit $\frac{3}{4}$ à diviser par $\frac{5}{6}$.

(51) Diviser $\frac{3}{4}$ par $\frac{5}{6}$, c'est chercher le nombre qui multiplié par $\frac{5}{6}$, produise $\frac{3}{4}$. $\frac{3}{4}$ est donc les $\frac{5}{6}$ du quotient (124). 1 seul $\frac{1}{6}$ du quotient est le $\frac{1}{5}$ de ses $\frac{5}{6}$ ou $\frac{3}{4\times5}$ (111) et les $\frac{6}{6}$ du quotient ou le quotient lui-même, $\frac{3\times6}{4\times5}$ (110) ou $\frac{3}{4}\times\frac{6}{5}$ ou $\frac{18}{20}$ ou $\frac{9}{10}$.

De là cette règle :

On divise une fraction par une fraction en multipliant la fraction dividende par la fraction diviseur renversée.

Division d'un nombre fractionnaire par un nombre fractionnaire.

129 — Soit $2\frac{3}{4}$ à diviser par $7\frac{5}{6}$.

Réduisant ces nombres fractionnaires en expressions fractionnaires, on a $\frac{11}{4}$ à diviser par $\frac{47}{6}$ ou (128) $\frac{11}{4} \times \frac{6}{47}$ ou $\frac{66}{188}$ ou $\frac{33}{94}$.

Règle. *Pour diviser un nombre fractionnaire par un nombre fractionnaire on les réduit en expressions fractionnaires et l'on est ramené au cas précédent (128).*

CAS PARTICULIERS.

L'examen d'un cas particulier nous permettra de traiter convenablement les autres.

130 — Soit $\frac{15}{28}$ à diviser par $\frac{5}{7}$.

(51) Diviser $\frac{15}{28}$ par $\frac{5}{7}$, c'est chercher le nombre qui multiplié par $\frac{5}{6}$, produise $\frac{15}{28}$ est donc les $\frac{5}{7}$ du quotient cherché. Un seul $\frac{1}{7}$ du quotient est le $\frac{1}{5}$ de ses cinq septièmes ou $\frac{15 : 5}{28}$ (110, Cor.) et les sept septièmes du quotient ou le quotient lui-même, $\frac{15 : 5}{28 : 7}$ (111, Cor.) ou $\frac{3}{4}$.

Règle. *Pour diviser une fraction par une fraction, si le numérateur de la fraction dividende est divisible par le numérateur de la fraction diviseur et le dénominateur de la fraction dividende par le dénominateur de la fraction diviseur, on effectue ces divisions et au premier quotient on donne le second pour dénominateur.*

Exercices.

Problème I. *Un premier ouvrier pourrait faire un ouvrage en 5 heures ; un second le ferait en 8 heures ; un troisième, en 10 heures. Combien ces trois ouvriers mettront-ils de temps à faire cet ouvrage, en travaillant ensemble ?*

Solution. Le premier pouvant faire l'ouvrage en cinq heures, en une heure en ferait le $\frac{1}{5}$; pour une raison semblable le second en ferait le $\frac{1}{8}$ et le troisième, le $\frac{1}{10}$. Ils feront donc, en une heure, en travaillant ensemble, le $\frac{1}{5}$, plus le $\frac{1}{8}$, plus le $\frac{1}{10}$ de l'ouvrage.

La somme de ces trois fractions est $\frac{17}{40}$.

$\frac{17}{40}$ multipliée par le nombre d'heures que ces trois ouvriers mettront ensemble à faire l'ouvrage donnera $\frac{40}{40}$ ou l'ouvrage entier : $\frac{40}{40}$ est donc un produit, $\frac{17}{40}$, l'un des facteurs et le nombre d'heures est l'autre facteur (128). Il égale, par conséquent $\frac{40}{40} : \frac{17}{40}$ ou $\frac{40}{17}$ ou 2 heures $\frac{6}{17}$ [1].

---

(1) Cette expression $\frac{6}{17}$ d'heure n'est pas simple. On la transforme en minutes et secondes.

L'heure valant 60 minutes, cette expression représente des minutes si on la multiplie par 60 ; on a donc $\frac{6^m \times 60}{17}$ ou $\frac{360^m}{17}$ ou 21 minutes $\frac{3}{17}$.

On trouve de même que $\frac{3}{17}$ de minute égale 10 secondes $\frac{10}{17}$. On a donc finalement, pour la réponse ci-dessus, 2 heures 21 minutes 10 secondes $\frac{10}{17}$.

Problème II. *Quatre sources alimentent un bassin et fournissent la première, 3 litres en 5 heures; la seconde, 7 litres en 8 heures; la troisième, 11 litres en 12 heures et la quatrième, 13 litres en 15 heures. Combien de temps mettront-elles, en coulant ensemble, à remplir ce bassin dont la capacité est de 250 litres?*

Solution. Si la première fournit 3 litres en 5 heures, en une heure elle fournit le cinquième de 3 litres ou $\frac{3}{5}$ de litre. On voit de même que la seconde, en une heure, fournit $\frac{7}{8}$ de litre ; la troisième, $\frac{11}{12}$ de litre et la quatrième $\frac{13}{15}$ de litre.

Elles fournissent donc, en coulant ensemble, et en une heure, une quantité de litres marquée par la somme des fractions

$$\frac{3}{5} + \frac{7}{8} + \frac{11}{12} + \frac{13}{15} \text{ ou } \frac{391}{120} \text{ lit.}$$

L'expression $\frac{391}{120}$ lit. multipliée par le nombre d'heures pendant lesquelles doivent couler les quatre sources doit évidemment donner 250 litres : 250 est donc un produit ; $\frac{391}{120}$, l'un des facteurs et le facteur cherché, le nombre d'heures, est l'autre facteur.

C'est (127) $250 : \frac{391}{120}$ ou $\frac{250 \times 120}{391}$ ou 76 heures $\frac{284}{391}$.

On n'emploie pas ordinairement ces fractions ordinaires d'heures ; transformant celle-ci en minutes et secondes on trouve pour le résultat cherché 76 heures 43 minutes 34 secondes $\frac{326}{391}$.

Des Opérations sur les Nombres décimaux.

Nous avons vu ce que c'est qu'un nombre décimal et comment on lit ou l'on écrit un nombre décimal (15, 16... 19).

ADDITION (21).

131 — Les nombres que l'on additionne devant être de même espèce, on pourrait faire en sorte que tous ces nombres exprimassent des unités de même ordre en complétant, par des zéros, le nombre des chiffres décimaux dans tous les nombres proposés (19).

Tous ces nombres décimaux exprimant des unités de même ordre, on en ferait l'addition comme celle des nombres entiers, seulement sur la droite de cette somme on séparerait, par une virgule, autant de chiffres qu'il y en a dans schacun de ces nombres.

Dans la pratique, ou ne complète pas le nombre des chiffres décimaux ; il suffit, en effet, d'écrire ces nombres de manière à ce que les unités de même ordre, les unités simples, par exemple, soient dans une même colonne verticale, de faire l'addition des diverses colonnes, en commençant par la droite, et de séparer par une virgule, sur la droite de la somme, autant de chiffres décimaux qu'il y en a dans le nombre qui en renferme le plus.

SOUSTRACTION (25).

132 — Les nombres dont on cherche la différence devant être de même espèce, on pourrait comme nous l'avons dit pour l'addition, compléter par des zéros, le nombre des chiffres décimaux. On s'en dispense, dans la pratique, tout en opérant comme s'il était complété. Sur la droite de la différence, on sépare, par une virgule, autant de chiffres qu'il y a de chiffres décimaux dans le nombre qui en renferme le plus.

MULTIPLICATION (29).

133 — Pour multiplier un nombre décimal par un nombre décimal, on effectue la multiplication comme s'il n'y avait pas de virgule, seulement, sur la droite du produit, on sépare autant de chiffres décimaux qu'il y en a dans le multiplicande et dans le multiplicateur.

Soit, par exemple, 29,735 à multiplier par 9,87.

(29) Il résulte, de cette définition, que ce produit exprime des centièmes de millièmes ou des cent-millièmes. Il faut donc séparer, sur sa droite, cinq chiffres décimaux, c'est-à-dire autant qu'en renferment le multiplicande et le multiplicateur.

On arriverait aussi très-simplement à cette règle en écrivant ces nombres fractionnaires en expressions fractionnaires.

On aurait :

$$\frac{29735}{1000} \times \frac{987}{100} \text{ ou } \frac{29735 \times 987}{100000} \ (122)$$

Ou bien encore : Le nombre résultant de la suppression de la virgule du multiplicande est 1000 fois le multiplicande ; le nombre résultant de la suppression de la virgule du multiplicateur, est 100 fois le multiplicateur : le produit de ces deux nombres résultants est donc 100 fois 1000 fois ou 100 000 fois le produit primitif. Il faut donc, pour obtenir ce dernier, prendre le 100 000ᵉ du produit obtenu par la suppression des virgules.

DIVISION (51).

134 — Comme nous allons le voir, la division des nombres décimaux se ramène ou à la division des nombres entiers, ou à la division d'un nombre décimal par un nombre entier.

Le Dividende seul renferme des chiffres décimaux.

$$
\begin{array}{r|l}
829,57 & 39 \\
49 & \\
\hline
10\ 5 & 21,27 \\
2\ 77 & \\
4 &
\end{array}
$$

$$
\begin{array}{r|l}
829,72 & 39 \\
49 & \\
\hline
10\ 7 & 21,27 \\
2\ 92 & \\
19 &
\end{array}
$$

Soit, par exemple, 829,57 à diviser par 39.

Le produit exprime des centièmes, l'un des facteurs des unités, l'autre facteur exprime donc des centièmes. On fera donc la division comme si ces nombres étaient entiers, seulement on séparera deux chiffres sur la droite du quotient, c'est-à-dire autant qu'en contient le dividende.

Règle. *Si le dividende seul contient des chiffres décimaux, on fait la division, abstraction faite de la virgule, seulement, sur la droite du quotient, on sépare, par une virgule, autant de chiffres décimaux qu'en contient le dividende.*

135 — *Nota.* Le quotient exact est ici $21,27\ \frac{4}{39}$ de centième, mais si l'on avait pour dividende, 829,72, le quotient serait $21,27\ \frac{19}{39}$ de centième, et comme $\frac{19}{39}$ est supérieur à $\frac{1}{2}$, on devrait prendre pour quotient, à moins d'un centième, 21,28 : ce résultat étant plus approché que le premier du quotient exact.

De là cette règle :

On augmente d'une unité le dernier chiffre d'un quotient quand le reste surpasse le $\frac{1}{2}$ du diviseur. (C'est ce qu'on appelle forcer ce dernier chiffre).

Ces deux nombres 21,27 et 21,28 qui s'approchent tous les deux du résultat exact d'une quantité moindre qu'une unité du dernier ordre du quotient sont dits approchés à moins d'un centième, le premier par défaut ; le second par excès.

Remarque. Il est clair que si l'on écrivait un, deux..... zéros à la droite du dividende, on obtiendrait le quotient, en continuant l'opé-

ration, à moins d'$\frac{1}{2}$ millième, d'$\frac{1}{2}$ dix millième.........

Le Diviseur renferme des chiffres décimaux.

136 — Soit, par exemple, 947,7927 à diviser par 39,715.

Je multiplie par 1000 ou 10^3 les deux termes de cette division et j'ai 947792,7 à diviser par 39715. Je suis donc ramené au cas précédent (58) et (134).

De là cette règle :

Pour faire une division de nombres décimaux, on multiplie les deux termes de cette division par une puissance de 10 marquée par le nombre des chiffres décimaux du diviseur (58), ce qui rend le diviseur entier et ramène l'opération à une division de nombres entiers ou bien à la division d'un nombre décimal par un nombre entier (134).

Exercices.

1° Quel est le $\frac{1}{3}$ et demi, les $\frac{2}{5}$ et demi... ou plus généralement les $\frac{n}{2n+1}$ et demi d'un nombre quelconque ?

2° Trouver deux nombres dont la somme est 100 et dont l'un est les $\frac{2}{3}$ de l'autre.

3° Trouver un nombre dont les $\frac{2}{3}$ augmentés des $\frac{5}{8}$ égalent 93.

4° Un père disait à son fils : S'il y avait dans cette bourse les $\frac{3}{4}$ plus les $\frac{4}{5}$, plus les $\frac{7}{8}$ du décuple de ce qu'elle contient, plus 30 francs, il y aurait 1000 francs. Devine ce qu'elle renferme et je te la donne. Combien y avait-il dans cette bourse ?

5° On demandait l'heure à un arithméticien. Il répondit : il est la $\frac{1}{2}$ des $\frac{2}{3}$ des $\frac{3}{4}$ des $\frac{4}{5}$ des $\frac{5}{6}$ de 24 heures. Quelle heure était-il ?

6° Les aiguilles d'une montre marquent 8 heures 20 minutes. Au bout de combien de temps se rencontreront-elles pour la première fois, la seconde fois..... la quatrième fois ?

7° Deux courriers marchent dans le sens A B et partent au même instant, le premier de A avec une vitesse de 7 kilomètres 1/3 à l'heure ; le second, de B avec une vitesse de 5 kilomètres 1/4 à l'heure. Au bout de combien de temps se rencontreront-ils, la distance A B étant de 60 kilomètres ?

8° Quatre fontaines coulent dans un bassin : la première, coulant seule, le remplirait en 10 heures ; la seconde, en 15 ; la troisième, en 20 et la quatrième, en 30 heures. En combien de temps le rempliront-elles en coulant ensemble si l'eau s'en échappe par un robinet qui le viderait en 5 heures ?

9° On écrira, dans un système quelconque de numération, toutes ces fractions sur lesquelles on a opéré et l'on fera les calculs dans ce système. On pourra alors, par exemple, revenir du résultat à celui obtenu dans le système décimal, ce qui fournit une preuve de toutes ces opérations.

10° Simplifier une fraction en diminuant ses deux termes de nombres convenablement choisis — Règle pour la simplifier et la rendre irréductible.

Problèmes résolus.

Problème I. Si la lune et le soleil sont actuellement en conjonction, au bout de combien de temps seront-ils en opposition, si la lune s'avance chaque jour de l'ouest à l'est de 13° 10′ 34″, 89 et le soleil seulement de 59′ 8″, 19 ?

$$13° 10′ 34″, 89 = 47434″, 89$$
$$50′ 8″, 19 = 3548″, 19$$

13
60
———
780′
10   59
———   60
790   ———
60   3540″
———   8
47400″ ———
34   3548″
———
47434″

La différence des deux nombres de secondes ci-dessus signifie que, dans son mouvement de l'ouest à l'est, la lune devance chaque jour le soleil de 43886″, 70.

Quand la lune aura devancé le soleil de 180°, ils seront en opposition.

180° = 648 000″ ou 64 800 000 centièmes de seconde.

43 886″, 70 = 4 388 670 centièmes de seconde.

Si pour devancer le soleil de 4 388 670 ᶜᵉˢ de seconde, la lune met 1 j., pour le devancer de 1 — — — 1 j.

pour le devancer de 64 800 000 — — 1 j. × 64 800 000 et

$$\frac{4\ 388\ 670}{}$$

$$\frac{1\ \text{j.} \times 64\ 800\ 000}{4\ 388\ 670}$$

Nous n'avons donc plus, pour savoir combien de temps il faut à la lune pour devancer le soleil de 180°, qu'à effectuer le calcul ci-dessus:

On trouve 14 jours et 335 862 pour reste. Multipliant 24 heures par ce reste et divisant par le diviseur, on trouve 18 heures.

Le reste est 161 082. Multipliant 60 minutes par ce nombre, on a 9 664 920 minutes à diviser par le diviseur : le quotient est 22 minutes et le reste 9846 minutes.

Multipliant 60 secondes par ce reste, on a 590 760 secondes à diviser par le diviseur. On trouve pour quotient 1ˢ, 3. Il faudra donc à la lune, pour être en opposition, 14ʲ 18ʰ 22ᵐ 1ˢ 3.

Si l'on cherchait le temps au bout duquel il y aurait de nouveau conjonction, on doublerait le temps trouvé et l'on aurait, en tenant compte des décimales.

$$29\ 12^{\text{h}}\ 44^{\text{m}}\ 2^{\text{s}},\ 7.$$

Problème II. Une première fontaine renferme 27 litres d'eau et en reçoit 2 litres $\frac{1}{5}$ par minute ; une seconde fontaine renferme 10 litres et en reçoit $\frac{2}{3}$ de litre par minute ; une troisième fontaine renferme 2 litres $\frac{1}{2}$ et en reçoit $\frac{1}{2}$ litre par minute. Au bout de combien de temps la première fontaine renfermera-t-elle le double de ce que renfermeront alors les deux autres ensemble ?

La seconde et la troisième fontaine renferment à elles deux 12 litres $\frac{1}{2}$ dont le double est 25 qui est moindre que 27, nombre de litres que renferme la première. Donc, pour que le problème soit possible, il faut que la première reçoive moins du double de ce que reçoivent les deux autres, et il sera résolu quand celles-ci auront reçu un nombre de litres dont le double surpassera ce qu'aura reçu la première de 27 — 25 ou de 2 litres. Or, la seconde reçoit $\frac{2}{3}$ de litre par minute, la troisième, $\frac{1}{2}$ litre par minute ; toutes deux ensemble reçoivent donc $(\frac{2}{3}+\frac{1}{2})$ litre ou $\frac{7}{6}$ de litre dont le double est $\frac{7}{3}$. D'ailleurs la première n'en reçoit que 2 litres $\frac{1}{5}$ ou $\frac{11}{5}$ par minute, tandis que, pour que le problème fût résolu, eu égard seulement aux quantités reçues, elle devrait en recevoir $\frac{7}{3}$. Cette différence de 27 moins 25 diminue donc, à chaque minute de $\frac{7}{3}-\frac{11}{5}$ ou de $\frac{35}{15}-\frac{33}{15}$ ou de $\frac{2}{15}$ de litre et comme 2 litres ou $\frac{30}{15}$ de litre contiennent 15 fois $\frac{2}{15}$ de litre, il s'en suit que le problème sera résolu au bout de 15 minutes ou d'un quart d'heure.

Problème III. Un père ordonne, par son testament, que son bien soit partagé entre ses enfants de la manière suivante :

Le premier prendra a fr. et le n^e du reste ; le second, $2a$ fr. et le n^e du reste ; le troisième, $3a$ fr. et le n^e du reste, et ainsi de suite.

Il arrive ainsi que le bien du père est tout entier partagé et que les parts des enfants sont égales. Quel est le bien du père, la part de chaque enfant et le nombre des enfants ?

Solution. Le dernier enfant en prenant un certain nombre de fois a ne laissait rien, sinon après avoir pris le n^e du reste il eût laissé quelque chose et le bien du père n'eût pas été tout entier partagé. D'ailleurs l'avant-dernier enfant a pris a le même nombre de fois moins une que le dernier ; mais s'il a pris 1 fois a de moins, il a pris, de plus, le n^e du reste ; donc le n^e de ce reste égale a.

Le dernier enfant a, pour sa part, les $(n-1)$ ^{es} du reste précédent et comme ce n^e égale a, la part du dernier enfant est $a(n-1)$.

Les parts des enfants étant égales, la part de chaque enfant est $a(n-1)$.

Les premières parties des parts étant pour le premier a ; pour le second, $2a$; pour le troisième, $3a\ldots$; pour le $(n-1)^e$, $(n-1)a$, il en résulte qu'il y a $(n-1)$ enfants et que, par suite, le bien du père est $a(n-1)\times(n-1)$ ou $a(n-1)^2$.

La part de chaque enfant est $a(n-1)$;
Le nombre des enfants, $(n-1)$;
Le bien du père, $a(n-1)^2$.

Problème IV. Hiéron, roi de Syracuse, avait remis à un orfèvre 10 livres d'or pour faire une couronne qu'il voulait offrir à Jupiter. Le travail étant achevé, la couronne se trouva du poids de 10 livres ; mais le roi, soupçonnant que l'ouvrier avait allié de l'argent à l'or, consulta Archimède. Celui-ci sachant que l'or perd dans l'eau les 52 millièmes de son poids, et que l'argent y perd les 99 millièmes, détermina le poids de la couronne plongée dans l'eau et le trouva de 9 livres 6 onces, ce qui fit reconnaître la fraude. Combien y avait-il de livres de chaque métal dans la couronne ?

Solution. La couronne toute en or, plongée dans l'eau, eût perdu les $\frac{520}{10\,000}$ de son poids; toute en argent, elle eût perdu les $\frac{990}{10\,000}$; mais elle a perdu 10 onces sur 160 ou les $\frac{10}{160}$ ou les $\frac{625}{10\,000}$ de son poids.

Ainsi la couronne toute en or eût perdu les $\frac{520}{10\,000}$ de son poids ; toute en argent, les $\frac{990}{10\,000}$ donc, en partant de $\frac{520}{10\,000}$, si elle eût perdu $\frac{470}{10\,000}$ de plus, elle eût été tout entière d'argent. Pour $\frac{470}{10\,000}$ de perte de poids de plus on eût eu 10 livres d'argent; pour un seul 10 000ᵉ de plus, $\frac{10\,\text{liv.}}{470}$ d'argent et pour (625 — 520) dix-millièmes, $\frac{10\,\text{liv.}}{470}$ (625 — 520) d'argent, ou $\frac{10\,\text{liv.}}{470} \times 105$, ou $\frac{1050}{470}$ liv. ou $\frac{105}{47}$ liv. d'argent ou 2 liv. $\frac{11}{47}$ ou 2 liv. 3° $\frac{35}{47}$.

On a, par suite, 7 liv. 12° $\frac{12}{47}$ d'or.

On trouverait d'ailleurs directement cette quantité d'or en partant de la différence $\frac{990}{10\,000}$ — $\frac{625}{10\,000}$ et remarquant qu'un seul $\frac{1}{10\,000}$ de différence donne $\frac{10\,\text{liv.}}{470}$ d'or et que $\frac{990-625}{10\,000}$

donne $\frac{10 \text{ liv}}{470}$ $(990 - 625)$ ou $\frac{10}{470}$ 365 liv. d'or,

ou 7 liv. $12^{\text{s}} \frac{12}{47}$.

ERREUR ABSOLUE. ERREUR RELATIVE. ERREURS RELATIVES CORRESPONDANTES DES DONNÉES ET DU RÉSULTAT.

Erreur absolue. **137** — L'erreur absolue d'un nombre est la différence entre le nombre vrai et le nombre approché. Elle est par excès ou par défaut selon que le nombre approché est supérieur ou inférieur au nombre vrai.

Si, mesurant une ligne de 20 mètres, on ne trouvait que 19 mètres, l'erreur absolue serait, par défaut, de 1 mètre. Si l'on trouvait 21 mètres l'erreur absolue serait, par excès, de 1 mètre.

Erreur relative. **138** — L'erreur relative d'un nombre est le quotient de l'erreur absolue par le nombre vrai [1].

L'erreur relative des mesures ci-dessus serait dans les deux cas de $\frac{1}{20}$, dans le premier par défaut et par excès, dans le second.

L'erreur relative est la plus importante : c'est elle qui nous fait connaître le plus ou moins de soin que l'on a apporté à mesurer une ligne, par exemple. Dans les cas que nous venons d'examiner, on s'est trompé, sur chaque mètre, d'$\frac{1}{20}$ de mètre. Si l'erreur absolue commise sur une ligne de 1000 mètres était de 5 mètres, l'erreur relative serait $\frac{5}{1000}$, ou $\frac{1}{200}$.

____

(1) Si a représente l'erreur absolue d'un nombre N, et r, son erreur relative, on a $r = \frac{a}{N}$.

On ne se serait donc trompé que d'$\frac{1}{200}$ de mètre sur chaque mètre.

Comme généralement on ne connaît pas le nombre vrai, mais seulement des limites de deux des quantités qui entrent dans la relation $r = \frac{a}{N}$, nous allons établir les théorèmes qui permettent de conclure la limite de l'une de ces quantités, les limites des deux autres étant connues.

Théorème.

L'erreur relative d'un nombre est moindre qu'une unité de l'ordre décimal marqué par le nombre des chiffres exacts moins un.

139—Soit, par exemple, 39,7438, un nombre approché à moins d'une unité du dernier ordre, ou à moins d'$\frac{1}{10^4}$.

Ce nombre ayant 6 chiffres exacts, son erreur relative est moindre que $\frac{1}{10^5}$.

En effet, l'erreur absolue de ce nombre étant moindre que $\frac{1}{10^4}$, son erreur relative (138) est moindre que $\dfrac{\frac{1}{10^4}}{39}$ (107. Cor.) et, à plus forte raison, moindre que $\dfrac{\frac{1}{10^4}}{30}$ qui égale $\dfrac{\frac{1}{10^4}}{3\times10}$ ou $\frac{1}{3.10^5}$; à plus forte raison est-elle moindre que $\frac{1}{10^5}$ (111, Cor.)

Théorème.

Si l'erreur relative d'un nombre est moindre que $\frac{1}{10^n}$, ce nombre a, au moins, n chiffres exacts

140 — Soit, par exemple, 243,74296 dont l'erreur relative est moindre que $\frac{1}{10^6}$.

Ce nombre a, au moins, 6 chiffres exacts.

En effet, $a = rN$ (138, (1)). Remplaçant chaque quantité du second membre par une quantité plus grande que chacune d'elle, on a

$$a \;<\; \frac{1}{10^6} \times 300 \quad \text{ou}$$

$$a \;<\; \frac{3 \times 10^2}{10^6} = \frac{3}{10^4} \qquad \text{\textit{A fortiori}}$$

$$a \;<\; \frac{10}{10^4}. \quad \text{Donc } a \;<\; \frac{1}{10^3}$$

L'erreur absolue de ce nombre est donc moindre que $\frac{1}{10^3}$. Il y a donc 3 chiffres décimaux exacts et comme il y en a 3 à la partie entière, il y a en tout 6 chiffres exacts dans ce nombre.

Note. *Nous allons démontrer d'une manière générale les numéros* 139 *et* 140.

139 — *Soit* d... e, bd... kl *un nombre décimal quelconque, approché à moins d'une unité du dernier ordre. Ce nombre ayant* m *chiffres à la partie entière et* n *à la partie décimale*

$$a \;<\; \frac{1}{10^n} \quad \text{et} \quad r \;<\; \frac{\frac{1}{10^n}}{\frac{1}{10^{m-1}}} \quad \text{ou} \quad r \;<\; \frac{1}{10^{m+n-1}}$$

Ce qui démontre le théorème énoncé ; car il est évident que le dernier chiffre décimal est de l'ordre $\frac{1}{10^n}$ *et puisque ce nombre a* m *chiffres à la partie entière, il est supérieur à* 10^{m-1}

140 — *Soit* g... f, cb... k *un nombre quelconque ayant* p *chiffres à la partie entière et* m *à la partie décimale ; je dis qu'il a, au moins,* n *chiffres d'exacts si son erreur relative est moindre que* $\frac{1}{10^u}$

En effet, a$=$rN *et, par suite,*

$$a \;<\; \frac{1}{10^n} \times 10^{p\ (1)} \quad \text{ou} \quad a \;<\; \frac{1}{10^{u-p}}$$

Si l'erreur absolue est moindre que $\frac{1}{10^{n-p}}$ *, ce nombre a* n—p *chiffres décimaux exacts et comme il en a* p *à la partie entière ; il en a, en tout,* n—p$+$p. *Il a donc* n *chiffres exacts.*

---

(1) Il faut remarquer que 10^p est supérieur au nombre donné.

141 — Soit $m+a$ le multiplicande approché : m, le multiplicande vrai et a son erreur absolue, par excès ; $m'+a'$, le multiplicateur approché : m', le multiplicateur vrai et a son erreur absolue, par excès ;

L'erreur relative du multiplicande est $\dfrac{a}{m}$ et l'erreur relative du multiplicateur est $\dfrac{a'}{m'}$.

Le produit approché est $mm'+m'a+ma'+aa'$, le produit vrai, mm'.

L'erreur absolue de ce produit est donc $m'a+ma',+aa'$

Et l'erreur relative, $\dfrac{a}{m}+\dfrac{a'}{m'}+\dfrac{a}{m}\times\dfrac{a'}{m'}$, ou, supprimant le produit des erreurs relatives, l'erreur relative du produit est $\dfrac{a}{m}+\dfrac{a'}{m'}$, ou égale à la somme des erreurs relatives des facteurs.

Ici, cette somme est par excès. Si l'on prenait les erreurs absolues par défaut, toutes les deux, cette somme d'erreurs relatives serait par défaut, comme il est facile de s'en assurer. Enfin, si l'un des facteurs était par excès, et l'autre par défaut, l'erreur relative du produit serait la différence des erreurs relatives des facteurs. Ce qui démontre le théorème.

MULTIPLICATION ABRÉGÉE.

Il se peut que dans une multiplication de nombres exacts on n'ait besoin d'obtenir le le produit qu'à moins d'une unité d'une approximation donnée. On emploie alors la méthode abrégée. Ou bien, ce qui arrive le plus souvent, les facteurs ne sont qu'approchés, et alors avant d'employer cette méthode, on détermine d'avance avec quelle approximation on peut obtenir le résultat.

142 — Soit proposé de multiplier 837, 476542

par 89, 794 526, chacun de ces nombres étant approché à moins d'une unité du dernier ordre.

Cherchons d'abord avec quelle approximation on peut obtenir ce produit :

L'erreur relative du multiplicande (139) est moindre que $\dfrac{1}{10^8}$; celle du multiplicateur, moindre que $\dfrac{1}{10^7}$ (139); celle du produit (141) est donc moindre que

$$\dfrac{1}{10^8} + \dfrac{1}{10^7} \text{ ou que } \dfrac{1}{10^8} + \dfrac{10}{10^8} \text{ ce qui égale } \dfrac{11}{10^8}$$

Cette erreur relative du produit moindre que $\dfrac{11}{10^8}$ est, à plus forte raison, moindre que

$$\dfrac{10^2}{10^8} \text{ ou que } \dfrac{1}{10^6}.$$

Cette erreur relative du produit étant moindre que $\dfrac{1}{10^6}$, ce produit a, au moins, 6 chiffres exacts et comme il y en a 5 à la partie entière, nous le cherchons (140) à moins d'$\dfrac{1}{10}$ d'unité.

Effectuons ce produit à moins d'$\dfrac{1}{10}$.

Puisqu'il y a moins de dix produits partiels, si chacun est obtenu à moins d'$\dfrac{1}{100}$, leur somme sera à moins de $\dfrac{10}{100}$ ou à moins d'$\dfrac{1}{10}$.

C'est ce qu'on obtient simplement par la règle suivante :

Règle.

143 — *On écrit le multiplicande, au-dessous le multiplicateur renversé et de telle sorte que le chiffre de ses unités soit sous le chiffre du multiplicande qui exprime des unités de l'ordre inférieur de deux rangs à l'unité d'approximation* [1]. *On multiplie alors par chaque chiffre du multiplicateur*

---

(1) Comme nous l'avons déjà dit, on suppose, dans cette règle, que l'opération a, au plus, dix produits partiels.

837 ,476 542
6254 979 8
____

6699 812 0
753 728 4
58 622 9
7 536 6
334 8
41 5
1 6
____

75200, 7̶7̶8̶
75280, 8

la partie du multiplicande située au-dessus et à gauche du chiffre du multiplicateur par lequel on multiplie. On dispose tous ces produits partiels de manière que les premiers chiffres à droite soient dans une même colonne verticale ; on fait la somme de ces produits partiels ; on barre les deux derniers chiffres à droite et l'on force, généralement, le dernier chiffre conservé.

Dans cet exemple, le produit est 75 200,8 à moins d'$\frac{1}{10}$. Nous allons le démontrer.

Faisons remarquer, d'abord, que tous ces produits expriment des unités de même ordre, des millièmes.

En effet, dans le premier produit, par exemple, le chiffre 5 du multiplicande exprime des dix-millièmes et le chiffre 8 du multiplicateur, des dixaines. Des dix-millièmes multipliés par des dixaines donnent des millièmes. Il en est de même des autres produits.

Ensuite, l'erreur absolue de chaque produit est moindre que $\frac{1}{10^2}$.

Dans ce même produit partiel on a négligé les chiffres à droite du chiffre 5 du multiplicande, ou moins de $\frac{1}{10^4}$; on multiplie d'ailleurs par 8 dixaines, nombre moindre que 10^2, l'erreur est donc moindre que $\frac{1}{10^4} \times 10^2$ ou moindre que $\frac{1}{10^2}$.

Il en est de même dans tous les autres produits.

Chaque produit étant approché à moins d'$\frac{1}{10^2}$, la somme de ces 7 produits est approchée à moins de $\frac{7}{10^2}$, à plus forte raison, à moins de $\frac{10}{10^2}$.

Le produit cherché est donc approché à moins de $\frac{1}{10}$.

Si l'on remarque que tous ces produits partiels sont par défaut, on comprendra qu'on force le chiffre 7 des dixièmes. (Il y a ici deux raisons pour forcer ce chiffre).

DIVISION ABRÉGÉE.

Théorème :
L'erreur relative du quotient est au plus égale à la somme des erreurs relatives des 2 termes de la division.

144 — Nous avons vu, en effet, que si dans un produit on néglige le produit des erreurs relatives des facteurs, on a

$$r + r' = r_{\mathrm{p}} \text{ ou } r = r_{\mathrm{p}} - r' \,^{(1)}$$

dans lequel cas, l'erreur relative de l'un des facteurs, est la différence des erreurs relatives des deux autres termes ; et

$$r - r' = r_{\mathrm{p}} \,(141) \text{ ou } r = r_{\mathrm{p}} + r'$$

dans lequel cas l'erreur relative de l'un des facteurs est la somme des erreurs relatives des deux autres termes.

Axiome
L'erreur absolue du quotient égale l'erreur absolue du dividende divisée par le diviseur.

145 — Ce principe peut être considéré comme un axiome : Si en effet (50), on augmente ou si l'on diminue le dividende de 2, 3, 4... fois le diviseur, il est évident que le quotient augmente ou diminue de 2, 3, 4... unités, c'est-à-dire que l'erreur absolue du quotient égale l'erreur absolue du dividende divisée par le diviseur.

146 — Soit proposé de chercher, à moins d'une unité, le quotient de 714 401 528 369 par 5 438 647.

Règle.

L'opération étant disposée comme pour la division ordinaire, on barre sur la droite du dividende autant de chiffres,

---

(1) En représentant par r et r' les erreurs relatives des facteurs et par r_{p} l'erreur relative du produit.

*moins 5, qu'il y en a au diviseur. On effec-
tue alors la division comme à l'ordinaire,
seulement au lieu d'abaisser un des chiffres
supprimés, on en barre un sur la droite du
diviseur. On continue ainsi jusqu'à ce qu'il
ne reste plus que 5 chiffres au diviseur. Le
quotient ainsi obtenu est le quotient
cherché à moins d'une unité* [1].

Ici le quotient est 131 357, à moins d'une unité.

En effet, en supprimant les 4 derniers chiffres du dividende, l'erreur absolue commise sur le dividende est, par défaut, moindre que 10^4.

Pour obtenir le chiffre 1, des mille du quotient, on avait barré le chiffre 7 du diviseur ; or, ce chiffre de l'ordre des mille du quotient est moindre que 10^4 qui, multiplié par le chiffre supprimé du diviseur, chiffre moindre que 10, donne une erreur absolue moindre que $10^4 \times 10$ ou moindre que 10^5. Cette erreur absolue est par défaut, il en résulte donc, au dividende, une erreur absolue, par excès, moindre que 10^5. Chacun des 3 autres chiffres obtenus par la méthode abrégée, donne au dividende, une erreur absolue par excès, moindre que 10^5. Si l'on remarque que les 2 premiers chiffres du quotient, obtenus par la méthode ordinaire, ne donnent lieu à aucune erreur, comme on peut d'ailleurs ne pas tenir compte de l'erreur absolue 10^4 qui est par défaut, on conclut que l'erreur absolue du dividende est moindre que $10^5 \times 4$ et, par conséquent, celle du quotient (145) moindre que $\dfrac{10^5 \times 4}{5 \times 10^6}$ (107, Cor.) qui égale $\dfrac{4}{50}$. Cette erreur absolue du quotient est donc moindre

```
714401528369 | 5438617
17053982      |
   738131     | 131357
   194270     |
    31112     |
     3922     |
      121     |
```

---

[1] Cette règle suppose qu'on ne cherche pas, par la méthode abrégée, un nombre de chiffres supérieur à 10 multiplié par le 1er chiffre du diviseur.

que $\frac{4}{48}$ ou que $\frac{1}{12}$ et, à plus forte raison, moindre qu'une unité.

147 — Si l'on devait chercher un quotient à moins d'$\frac{1}{1000}$, par exemple, on ferait en sorte que le dividende exprimât des millièmes, le diviseur étant entier (136). Prenant alors le millième pour unité, on serait ramené au cas que nous venons d'examiner (146).

148 — Nous allons traiter un exemple :

Soit proposé de calculer, avec l'approximation que comportent les données, le quotient de 9876, 45.587 628 par 234, 5649, chacun de ces 2 nombres étant approché à moins d'un unité du dernier ordre

L'erreur relative du dividende est moindre que $\frac{1}{10^{11}}$; celle du diviseur moindre que $\frac{1}{10^{6}}$. Celle du quotient (144) est donc moindre que

$$\frac{1}{10^{11}} + \frac{1}{10^{6}} \text{ ou que } \frac{1}{10^{11}} + \frac{10^{5}}{10^{11}} < \frac{10^{6}}{10^{11}} = \frac{1}{10^{5}}.$$

L'erreur relative du quotient étant moindre que $\frac{1}{10^{5}}$, ce nombre a, au moins, 5 chiffres exacts, et comme il en a deux à la partie entière, il en a trois à la partie décimale. Nous cherchons donc ce quotient à moins d'$\frac{1}{10^{3}}$.

Multipliant les deux termes de la division par 10^{4}, on a 98 764 538,7628 à diviser par 2 345 649 et, en barrant le dernier chiffre décimal 8, on a 98 764 538 762 millièmes à diviser par un nombre entier 2 345 649, ou un nombre entier par un nombre entier, à moins d'une unité, l'unité étant le millième.

```
9876 4538,7628 | 2345649
 493 857        |________
  24 729        | 42,105
   1 273        |
     103        |
```

Effectuant, on trouve 42,105.

149 — *Remarque importante*. Il est facile de s'assurer, en répétant le raisonnement que nous avons fait plus haut, que si le chiffre qui multiplie 10^n dans l'expression de l'erreur relative d'un nombre est supérieur au premier chiffre du nombre, ce nombre a un chiffre exact de plus, c'est-à-dire, qu'au lieu de n il en a $n+1$. Si, d'ailleurs, on tenait compte de l'approximation des nombres donnés qui est, le plus souvent, à moins d'$\frac{1}{2}$ unité du dernier ordre décimal, on obtiendrait, dans le cas d'un produit, par exemple, tel que celui que nous traitons plus loin, un chiffre exact de plus, ce qui ferait 2 chiffres exacts de plus que par la méthode exposée.

Soit proposé, par exemple, de chercher, avec l'approximation résultant des données, le produit de 37,456 789 par 5,12 467, ces deux nombres étant approchés chacun à moins d'$\frac{1}{2}$ unité du dernier ordre.

L'erreur relative du multiplicande est moindre que $\frac{1}{2} \cdot \frac{1}{3.10^7}$; celle du multiplicateur, moindre que $\frac{1}{2} \cdot \frac{1}{5.10^5}$ et, à *fortiori*, moindre que $\frac{1}{2.3.10^5}$. L'erreur du produit est donc moindre que

$$\frac{1}{2} \cdot \frac{1}{3.10^7} + \frac{1}{2} \cdot \frac{1}{3.10^5} = \frac{1+10^2}{2.3.10^7} = \frac{101}{2.3.10^7}$$

$$\frac{101}{2.3.10^7} < \frac{2.10^2}{2.3.10^7} = \frac{1}{3.10^5}$$

L'erreur relative du produit étant moindre que $\frac{1}{3.10^5}$ et le premier chiffre du produit, étant moindre que 3, chiffre qui multiplie 10^5 ce produit a $5+1$ chiffres exacts.

En effet, si dans l'égalité $a = rN$ je remplace chacun des facteurs du second membre par les

$$
\begin{array}{r}
37,456789 \\
7\ 64215 \\
\hline
187\ 28390 \\
3\ 74567 \\
74912 \\
14980 \\
2244 \\
259 \\
\hline
191\ 95352 \\
191,954
\end{array}
$$

nombres plus grands $\frac{1}{3.10^5}$ et 2×10^2, j'obtiens pour l'erreur absolue du produit

$$a < \frac{1}{3.10^5} \times 2.10^2 < \frac{3 \times 10^2}{3 \cdot 10^5} = \frac{1}{10^3}$$

L'erreur absolue de ce produit est donc moindre que $\frac{1}{10^3}$. Il a donc 3 chiffres décimaux exacts, et comme il en a 3 à la partie entière, il en a, en tout, 6 ou $5+1$.

Note. Il résulte de la méthode générale que nous avons établie qu'on peut obtenir dans un quotient ou dans un produit autant de chiffres exacts moins deux, qu'il y en a dans celui des nombres donnés qui en renferme le moins, qu'il s'agisse des deux termes, d'une division ou des deux facteurs d'un produit. Si l'on avait donc, dans l'une de ces opérations, des chiffres nombreux et qu'on ne voulût obtenir qu'une approximation donnée, il serait facile d'en conclure le nombre des chiffres à conserver.

On pourra aussi, si l'on veut une approximation plus grande, relativement au nombre des chiffres, se conformer à ce que nous venons de dire (149).

Nous ne nous sommes occupés que de deux facteurs, il serait facile d'étendre cette théorie à un nombre quelconque de facteurs.

RÉDUCTION DES FRACTIONS ORDINAIRES EN FRACTIONS DÉCIMALES.

150 — Il est souvent utile de transformer une fraction ordinaire en fraction décimale.

Soit, par exemple, $\frac{5}{8}$ à transformer en décimales [1].

---

[1] Nous verrons, tout à l'heure, que cette fraction se transforme exactement en millièmes.

La fraction $\frac{5}{8}$ est les $\frac{5}{8}$ de l'unité ou les $\frac{5}{8}$ de $\frac{1000}{1000}$, ou (122) $\frac{1000}{1000} \times \frac{5}{8}$ ou $\frac{1000 \times 5}{8} \times \frac{1}{1000}$ ou $\frac{5000}{8} \times \frac{1}{1000}$ ou $625 \times \frac{1}{1000}$ ou $\frac{625}{1000}$ ou $0,625$.

On voit donc que pour transformer une fraction ordinaire en fraction décimale, on écrit à la droite du numérateur autant de zéros qu'on veut avoir de chiffres décimaux ; on fait la division de ce nombre par le dénominateur de la fraction et l'on place la virgule, au quotient, de manière à avoir le nombre voulu de chiffres décimaux.

Dans la pratique, pour chaque chiffre décimal que l'on veut obtenir, on écrit un zéro à la droite du dernier reste. On se dispense ainsi d'écrire les zéros à la droite du numérateur.

Si dans l'exemple qui précède, on remarque que $\frac{5}{8} = \frac{5}{2^3}$, et qu'une puissance de 10 renferme les facteurs 2 et 5 avec le même exposant, on conclut qu'en multipliant les deux termes de cette fraction par 5^3 (112), cette fraction exprime des millièmes. On a

$$\frac{5}{8} = \frac{5}{2^3} = \frac{5 \times 5^3}{2^3 \times 5^3} = \frac{5 \times 125}{1000} = 0,625.$$

151 — On conclut de ce qui précède, qu'*une fraction est exactement réductible en décimales quand son dénominateur ne renferme que les facteurs 2 et 5 ou l'un d'eux.* Il suffit évidemment, en effet, de multiplier les deux termes de cette fraction par une puissance de 2 ou de 5, telle que le dénominateur renferme les facteurs 2 et 5 avec le même exposant.

Ainsi
$$\frac{57}{80} = \frac{57}{2^4 \times 5} = \frac{57 \times 5^3}{2^4 \times 5^4} = \frac{7125}{10^4} = 0,7125.$$

Théorème.
Une fraction irréductible dont le dénomi-

152 — $\frac{19}{22}$ ou $\frac{19}{2.11}$, par exemple, ne peut se transformer exactement en décimales.

nateur contient un facteur autre que 2 et 5 ne peut se transformer exactement en décimales.

Puisque cette fraction est irréductible, le numérateur ne renferme pas le facteur 11. Pour la réduire en décimales, on multiplie son numérateur par une puissance de 10 (150) et pour qu'elle pût se transformer exactement, il faudrait que 11 qui ne divise pas 19 (et qui est, par conséquent, premier avec lui), par hypothèse, divisât cette puissance de 10 (96) ce qui est impossible; car tout nombre premier qui divise une puissance d'un nombre, divise ce nombre (98).

Cette fraction qui ne peut se réduire exactement en décimales, est 0,8 63 63..... Les chiffres 6 et 3 qui se reproduisent indéfiniment et dans le même ordre constituent ce qu'on appelle la *période*. Cette fraction $\frac{19}{22}$ donne lieu à une fraction périodique.

Une fraction qui ne renferme que des chiffres périodiques est *périodique simple*. Telle est $\frac{8}{11}$ qui égale 0,72 72 72..... Si elle renferme des chiffres non périodiques elle est dite *périodique mixte*. Telle est 0,8 63 63 63.....

$$
\begin{array}{r|l}
190 & 22 \\
140 & \\
80 & 0,86363\ldots \\
14 &
\end{array}
$$

Théorème.

Une fraction irréductible dont le dénominateur est premier avec 10, donne lieu à une fraction décimale périodique simple (si le numérateur n'est pas terminé par un zéro ou par des zéros).

153 — $\frac{5}{7}$, par exemple, étant irréductible et ayant pour dénominateur un nombre 7, premier avec 10, donne lieu à une fraction décimale *périodique simple*.

Cette fraction étant périodique (152) donne lieu à des restes se reproduisant dans le même ordre.

Écrivons les égalités résultant des divisions effectuées :

$$
\begin{array}{r|l}
50 & 7 \\
10 & \\
30 & 0,71428 \\
20 & \\
60 & \\
4 &
\end{array}
$$

$$
\begin{aligned}
50 &= 7 \times 7 + 1 \\
10 &= 7 \times 1 + 3 \\
30 &= 7 \times 4 + 2 \\
20 &= 7 \times 2 + 6 \\
60 &= 7 \times 8 + 4
\end{aligned}
$$

Soit a le reste qui, dans la suite des opérations, multiplié par 10 et divisé par 7 a donné 4, par exemple, pour reste et soit b le quotient qu'il a fourni,

On a

$$a \times 10 = 7 \times b + 4$$

et si, de cette égalité, on retranche, membre à membre, la dernière des égalités ci-dessus, il vient :

$$a \times 10 - 60 = 7 \times b - 7 \times 8, \text{ ou}$$
$$10(a - 6) = 7(b - 8)$$

10 divise le premier membre, donc il divise le second qui lui est égal et comme il est premier avec 7, il divise $b - 8$ (96), ce qui exige que $b = 8$. Le second membre égale donc o, puisque 7 est fini ; donc le premier qui lui est égal est aussi nul et comme 10 est fini, $a - 6 = o$; donc $a = 6$. Donc au reste 4 correspond le quotient 8 et le reste qui précède 4 est 6.

Il est évident qu'on remonterait ainsi, de proche en proche, jusqu'au premier reste 1 et par suite au premier quotient 7. 7, chiffre des dixièmes, est donc le premier chiffre de la période : la période est donc simple.

Si l'on multiplie ce résultat périodique par 10, 100, 1000..... cela revient à déplacer la virgule d'1, de 2, de 3..... rangs vers la droite et, par conséquent, la période commence 1, 2, 3..... rangs avant la virgule.

Théorème.

Le nombre des chiffres de la période d'une fraction périodique ne peut surpasser le dénominateur moins un.

154 — Le nombre des chiffres de la période de $\dfrac{5}{7}$ ne peut surpasser 6.

En effet, cette fraction n'étant pas finie, ne peut donner pour reste o ; elle ne peut donner 7. Elle ne peut donc donner pour restes que les 6 premiers nombres. Si elle ne peut donner que 6 restes différents, elle ne peut donner que 6 dividendes et, par suite, 6 quotients différents.

Théorème.

Une fraction irréductible ayant pour dénominateur un facteur premier avec 10 accompagné des facteurs 2 et 5, ou de l'un d'eux, donne lieu à une fraction périodique mixte ayant, avant la période, un nombre de chiffres marqué par le plus haut exposant des facteurs 2 et 5 qui entrent au dénominateur.

```
290   |56
 100  |
   440|0,517 857142..
   480
   320
   400
    80
   240
   160
    48
```

155 — $\dfrac{29}{56}$, par exemple, qui égale $\dfrac{29}{2^3 \times 7}$, donne lieu à une fraction décimale périodique mixte ayant 3 chiffres avant la période.

En effet, 29 et 56 étant premiers entre eux, si je multiplie 29 par 10, le dividende 290 et 56 sont tous deux divisibles par 2; les restes, désormais, seront donc divisibles par 2 (92); donc nous ne retrouverons plus 29 pour reste; nous n'aurons donc plus pour dividende 290; nous ne retrouverons donc plus le quotient 5 dans les mêmes conditions. Ce premier chiffre n'appartient donc pas à la période.

Le reste 10 de cette division est, comme nous l'avons dit, divisible par 2. En le multipliant par 10, on obtient 100 qui, ainsi que 56, est divisible par 4. Les restes seront donc, désormais, tous divisibles par 4 (92). Nous ne retrouverons donc plus le reste 10 qui n'est divisible que par 2; nous n'aurons plus le dividende 100 et, par suite, le quotient 1 dans les mêmes conditions. Ce second chiffre n'appartient donc pas non plus à la période.

Le reste 44 est, comme nous l'avons dit, divisible par 4. Si nous le multiplions par 10, nous obtenons, pour dividende, 440 qui est divisible par 8 ainsi que 56. Les restes seront donc, désormais, divisibles par 8 (92). Nous ne retrouverons donc plus pour reste 44, qui n'est divisible que par 4; nous n'aurons donc plus le dividende 440 et, par suite, le quotient 7, dans les mêmes conditions. Ce chiffre 7 n'appartient donc pas non plus à la période.

48, comme nous l'avons annoncé, est divisible par 8. Divisons 48 et 56 par 8 (58). Nous avons 6 à diviser par 7 qui donne une fraction périodique simple (153).

Note. A l'énoncé (155) nous eussions pu ajouter : et la période de cette fraction $\dfrac{5}{7}$ aura 6 chiffres puisque 10^6 est la première puissance de 10 qui divisée par 7 donne pour reste un.

7

REVENIR D'UN NOMBRE DÉCIMAL A LA QUANTITÉ GÉNÉRATRICE.

156 — Si le nombre décimal est terminé, on l'écrit sous forme fractionnaire ordinaire et l'on simplifie, s'il y a lieu.

Ainsi $0,8125 = \dfrac{8125}{10000} = \dfrac{13}{16}$.

Théorème.
La génératrice d'une fraction périodique simple a pour numérateur la période et pour dénominateur le nombre formé d'autant de 9 qu'il y a de chiffres dans la période.

157 — Ainsi la génératrice de $0,727272\ldots$ est $\dfrac{72}{99}$ ou $\dfrac{8}{11}$.

Si, pour fixer les idées, nous représentons par f_4 cette fraction périodique, limitée à 4 périodes, par exemple,

$$f_4 = 0,72\ 72\ 72\ 72$$

Multiplions par 100 les 2 membres de cette égalité

$$100\,f_4 = 72,72\ 72\ 72$$

Retranchons, membre à membre, de la dernière égalité, l'égalité précédente, nous avons

$$99\,f_4 = 72 - \frac{72}{100}, \text{ puis, divisant les deux}$$

membres par 99,

$$f_4 = \frac{72}{99} - \frac{72}{99} \times \frac{1}{100^4}$$

Cette quantité f [1] se compose donc de 2 parties : la première $\dfrac{72}{99}$ est une quantité constante, tandis que la seconde qui est maintenant $\dfrac{79}{99} \times \dfrac{1}{100^4}$, devenant plus petite que toute quantité donnée, quelque petite qu'elle soit, doit être négligée, à la limite, et l'on a

$$\lim.\ f = F = \frac{72}{99} = \frac{8}{11}.$$

---

(1) Nous ne mettons pas ici d'indice à f parce qu'il peut être 5, 6, 7..... un nombre qui dépasse toute limite.

La seconde partie de f, $\dfrac{72}{99} \times \dfrac{1}{100^4}$ devient plus petite que toute quantité donnée, quelque petite qu'elle soit.

En effet, cette seconde partie se compose de 2 facteurs : le premier $\dfrac{72}{99}$ est une quantité constante et moindre que l'unité ; le second $\dfrac{1}{100^4}$ qui est déjà une quantité très-petite, devient le $\dfrac{1}{100}$, le $\dfrac{1}{100^2}$..... de cette quantité très-petite, si l'on prend une, deux..... périodes de plus. Ce second facteur (255, rem.) devient donc plus petit que toute quantité donnée quelque petite qu'elle soit et, à plus forte raison, le produit des 2 facteurs de la seconde partie de f. Cette seconde partie doit donc être négligée.

Il est facile de prouver que la fraction génératrice trouvée, réduite en décimales, reproduit la fraction périodique simple donnée.

En effet, dans le cas actuel,

$$F = \frac{72}{99} = \frac{0,72 \times 99 + 0,72}{99} = 0,72 + \frac{0,72}{99}$$

or, la seconde fraction du second membre n'est autre chose que le 100e de F, c'est donc

$$0,0072 + \frac{0,0072}{99} ;\ \text{et ainsi de suite.}$$

On obtient donc ainsi la fraction périodique simple donnée.

Théorème.

La génératrice d'une fraction périodique mixte a pour numérateur le nombre formé de la partie non périodique suivie de la période et diminué de la partie non périodique et pour dénominateur le nombre formé d'autant de 9 qu'il y a de chiffres dans la période suivi

158 — La génératrice de 0, 517 857142 857142....., est

$$\frac{517\ 857142 - 517}{999\ 999\ 000} = \frac{517\ 856\ 625}{999\ 999\ 000} = \frac{29}{55}$$

Si, pour fixer les idées, je représente par f_3, cette fraction périodique, limitée à 3 périodes, par exemple, d'autant de zéros qu'il y a de chiffres avant la période.

J'ai, successivement,

$$f_3 = 0,517\ 857142\ 857142\ 857142$$
$$1\ 000\ 000\ 000\ f_3 = 517\ 857142,857142\ 857142$$
$$1\ 000\ f_3 = \qquad 517,857142\ 857142\ 857142$$

Si je retranche, membre à membre, la dernière égalité de celle qui la précède, j'obtiens

$$999\ 999\ 000\ f_3 = 517\ 857142 - 517 - \frac{857142}{(10^6)^3}, \text{ puis}$$

$$f_3 = \frac{517\ 857142 - 517}{999\ 999\ 000} - \frac{857142}{999\ 999\ 000} \times \frac{1}{(10^6)^2}$$

Je vois donc que f se compose de 2 parties : la première $\dfrac{517\ 857142 - 517}{999\ 999\ 000}$ est constante, tandis que la seconde qui est maintenant $\dfrac{857142}{999\ 999\ 000} \times \dfrac{1}{(10^6)^3}$, devenant plus petite que toute quantité donnée, quelque petite qu'elle soit, doit être négligée. J'ai, par conséquent,

$$\text{Lim. } f = F = \frac{517\ 857142 - 517}{999\ 999\ 000} = \frac{29}{56}$$

La seconde partie $\dfrac{857142}{999\ 999\ 000} \times \dfrac{1}{(10^6)^3}$ est négligeable. En effet, elle se compose de 2 facteurs dont le premier $\dfrac{857142}{999\ 999\ 000}$ est constant et moindre que $\dfrac{1}{1000}$; le second $\dfrac{1}{(10^6)^3}$ qui est déjà une quantité très-petite, devient le $\dfrac{1}{10^6}$, le $\dfrac{1}{(10^6)^2}$ .... de cette quantité très-petite, si l'on prend 1, 2,....... périodes de plus. Ce second facteur devient donc plus petit que toute quantité donnée (255, rem.) quelque petite qu'elle soit, et, à plus forte raison, le produit des 2 facteurs de la seconde partie de f.

On prouve facilement que la fraction génératrice ainsi obtenue, réduite en décimales, reproduit la fraction périodique mixte donnée.

En effet, ici,

$$F=\frac{517\ 857142-517}{999\ 999\ 000}$$

$$1000\ F=\frac{517\ 857142-517}{999\ 999}=\frac{517000000+857142-517}{999\ 999}=$$

$$\frac{517\times999\ 999+857142}{999\ 999}=517+\frac{857\ 142}{999\ 999}$$

Ainsi

$$1000\ F=517+\frac{857\ 142}{999\ 999}$$

D'après ce que nous avons vu, au numéro précédent, la fraction $\frac{857\ 142}{999\ 999}$, réduite en décimales, donne la fraction périodique simple

$$0,857142\ 857142\ 857142\ldots\ldots$$

On a donc

$1000\ F=517,857142\ 857142\ 857142\ldots\ldots$
et, par suite, la fraction périodique donnée, en multipliant par 1000 les 2 membres de la dernière égalité.

Exercices.

Calculer les génératrices des expressions périodiques

$0,3333\ldots\ldots$
$0,6666\ldots\ldots$
$0,5555\ldots\ldots$
$0,090909\ldots\ldots$
$0,142857\ 142857\ 142857\ldots\ldots$
$0,714285\ 714285\ 714285\ldots\ldots$
$0,538461\ 538461\ 538461\ldots\ldots$
$19,567\ 567\ 567\ldots\ldots$
$49,78048\ 78048\ 78048\ldots\ldots$

Problèmes.

I. Génératrices des expressions périodiques ayant 9 pour période.

II. Étant connue, une fraction périodique donnant à sa période le maximum des chiffres, c'est-à-dire un nombre égal au dénominateur moins un, ou $n-1$ chiffres, n étant le dénominateur ; on peut écrire, sans calcul, les $n-2$ autres fractions —

Pourquoi n'en est-il pas ainsi de toutes les autres fractions ?

III. Démontrer *à priori* qu'une fraction ordinaire irréductible ou non ayant un dénominateur formé de 9 donne une fraction périodique ayant pour période le numérateur de cette fraction ordinaire.

IV. Déterminer le nombre des chiffres de la période fournie par un dénominateur donné.

V. Des fractions irréductibles étant données, conclure le nombre des chiffres des périodes fournies par la somme ou la différence de ces fractions.

SYSTÈME

DES MESURES LÉGALES.

159 L'unité fondamentale devait être de longueur constante. Pour que tous les peuples l'adoptassent, il fallait qu'elle n'appartînt à aucun en particulier ; c'est pourqoi l'on a choisi pour cette unité fondamentale une fraction d'un méridien terrestre.

Le *mètre* est la 10 000 000e partie de la distance d'un pôle à l'équateur, comptée sur un méridien, ou la 40 000 000e partie d'un méridien terrestre. Il a été trouvé de $0^r,5130740$ [1].

On s'est servi, pour cette évaluation, des mesures faites au Pérou, en 1736, par Bouguer et La Condamine et de la mesure de l'arc du méridien compris entre Dunkerque et Barcelonne faite par Delambre et Méchain, d'après

---

[1] La Toise était l'ancienne unité de longueur usitée en France. Elle égalait 6 fois le pied, appelé pied-de-roi, parce qu'il était la longueur du pied de Charlemagne.

un décret de l'Assemblée Constituante rendu le 8 mai 1790. La commission chargée de la préparation de ce système de mesures et nommée par l'Académie était composée de Borda, Lagrange, Laplace, Monge et Condorcet. Leur système fut adopté par la convention, sanctionné, plus tard, par le Corps Législatif et déclaré obligatoire à partir du 2 novembre 1801.

La commission s'était proposé de trouver une unité remplissant les conditions énoncées et de remplacer les anciennes mesures par d'autres qui en différassent le moins possible. Elle a résolu, avec bonheur, ces difficultés.

C'est dans ce but qu'elle a établi que les mesures de monnaie, de poids, par exemple, ont chacune leur double et leur moitié.

Le système décimal étant le plus usité, elle a choisi dans les ordres décimaux les diverses unités du système.

MESURES LINÉAIRES.

160 Le mètre, comme nous venons de le dire, est la 10 000 000ᵉ partie de la distance d'un pôle à l'équateur. (On trouva cette distance de 5130 740 toises.)

Le mètre vaut donc 0ᵀ,5130740

Ses multiples sont

Le décamètre (ou 10 m.)	qui vaut	5ᵀ,130740
L'hectomètre (ou 100 m.)	—	51, 30740
Le kilomètre (ou 1000 m.)	—	513, 0740
Le myriamètre (ou 10000 m.)	—	5130, 740

Ses sous-multiples sont

Le décimètre (ou $\frac{1}{10}$ de m.) qui égale 0ᵀ,05130740

Le centimètre (ou $\frac{1}{100}$ de m.) — 0, 005130740

Et le millimètre (ou $\frac{1}{1000}$ de m.) [1] 0, 0005130740

---

[1] Déca, hecto, kilo, myria, tirés du grec signifient dix, cent, mille, dix-mille et déci, centi, milli, tirés du latin, signifient dixième, centième, millième.

Sachant d'ailleurs que la toise valait 6 pieds, le pied 12 pouces et le pouce 12 lignes, on en conclut que

$$\text{La toise} = \frac{10\ 000\ 000^{\mathrm{m}}}{5130740} = 1^{\mathrm{m}},9\ 490\ 365\ 912$$

Le pied $= 0^{\mathrm{m}},3\ 248\ 394\ 319$

Le pouce $= 0,\ 0\ 270\ 699\ 527$

La ligne $= 0,\ 0\ 022\ 558\ 294$ [1]

MESURES ITINÉRAIRES.

161 — Etant donnée la longueur du mètre il est facile d'en conclure que

La lieue — de 4 kilomètres $= 4000^{\mathrm{m}}$

— — de 25 au degré $= 4444,444$

— marine ou de 20 au degré $= 5555,556$

Le mille marin, de 60 au degré $= 1851,852$

Le mille marin est le 1/3 de la lieue marine ou la minute terrestre.

A l'aide des relations écrites plus haut il serait facile de calculer en toises, pieds, pouces, la valeur des différentes lieues et du mille marin.

MESURES DE SUPERFICIE.

162 — Les mesures de surface étant les carrés construits sur les unités de longueur, il en résulte qu'une unité de surface est 100 fois celle qui lui est immédiatement inférieure [2].

---

(1) A l'aide de ces relations il est facile de convertir en mètres un nombre donné de toises et réciproquement.

(2) Il est clair, en effet, que l'on pourrait placer 10 décimètres carrés, par exemple, les uns à la suite des autres, de manière à former une bande ayant 1 mètre de long et 1 décimètre de large et qu'en plaçant convenablement 10 bandes égales à celle-ci, on formerait le mètre carré.

Ces unités sont

Le myriamètre carré qui vaut 100 kil. carrés.
Le kilomètre carré   — — 100 hect. carrés.

. . . .

. . . .

Et le millimètre carré qui est le $\frac{1}{100}$ du centimètre carré...... Et le 1 000 000ᵉ du mètre
carré.

Comme nous l'avons vu

Le mètre linéaire$=0^{\text{T}},5130740$

On en conclut que

Le mètre carré$=0^{\text{T. Ca}},263\,244\,929\,476$ ·

Telle est la relation qui nous donnerait en
toises, pieds, pouces et lignes les multiples et
sous-multiples du mètre.

Il est facile d'obtenir en unités métriques
les unités anciennes : la toise carrée, le pied
carré..... à l'aide de la relation.

1ᵀ linéaire$=1^{\text{m}},949\,036\,591\,213$ et de celles
qui s'en déduisent.

On trouve que

$$1^{\text{T. c}}=3^{\text{m. c}},79\,874\,363\,389$$
$$1^{\text{P. c}}=0\ \ ,\,10\,552\,065\,650$$
$$1^{\text{p. c}}=0\ \ ,\,00\,073\,278\,234$$
$$1^{\text{L. c}}=0\ \ ,\,00\,000\,508\,877$$

MESURES AGRAIRES.

163 — Pour l'unité des mesures de terrain
on prend le carré de 10 mètres de côté ou le
décamètre carré. On l'appelle *are*. Comme ses
multiples doivent être des figures simples fa-
ciles à construire par l'habitant des campagnes
le seul est l'*hectare* ou 100 ares ou l'hectomètre
carré.

(On pourrait employer le myriare ce serait
le kilomètre carré.) Le sous-multiple de l'are,
pour la même raison, est le *centiare* ou mètre
carré.

Il serait facile de trouver, en mesures anciennes, la valeur des nouvelles mesures agraires et réciproquement. Les principales mesures agraires anciennes étaient l'*arpent des eaux et forêts* et l'*arpent de Paris* valant chacun 100 perches. La perche des eaux et forêts était un carré de 22 pieds de côté, tandis que celle de Paris n'avait que 18 pieds de côté.

MESURES DE VOLUME OU DE CAPACITÉ.

164 — Les unités de volume étant les cubes construits sur les unités de longueur (*un cube à la forme d'un dé à jouer*.) Il s'ensuit qu'une unité de volume vaut 1000 fois l'unité qui lui est immédiatement inférieure. [1]

Les unités de volume sont :
Le myriamètre cube qui vaut 1000 kil. cubes
Le kilomètre cube   —   —   1000 hect. cubes

. . . .

. . . .

Et le millimètre cube qui est le $\frac{1}{1000}$ du centimètre cube et le 1 000 000 000° du mètre cube.

S'il s'agit de bois de chauffage ou de charpente, le mètre cube prend le nom de *stère*.

De ce que le mètre linéaire $= 0^\text{r},5130740$ il en résulte que le mètre cube égale $0^\text{r. cub.},135\ 064\ 128\ 945\ 969\ 224$ relation qui permet d'écrire la valeur des autres unités métriques.

---

(1) Nous avons vu que le mètre carré vaut 100 décimètres carrés. Si sur chacun des décimètres carrés qui composent le mètre carré nous plaçons un décimètre cube, nous formons une couche d'un mètre carré de base et d'un décimètre de hauteur renfermant 100 décimètres cubes. Si, de la même manière, nous plaçons successivement sur la dernière formée une couche égale à la première, jusqu'à ce que nous en ayons dix, nous aurons ainsi formé le mètre cube. Chaque couche renfermant 100 décimètres cubes, les 10 couches renferment 100×10 ou 1000 décimètres cubes. Ainsi le mètre, par exemple, vaut donc bien 1000 décimètres cubes.

De ce que la toise linéaire $= 1^m,949036591213$
on déduit que

La toise cube $= 7^{\text{M.cub.}},403\,890\,343$
Le pied   — $= 0$, $034\,277\,270$
Le pouce — $= 0$, $000\,019\,836$
La ligne — $= 0$, $000\,000\,011$

MESURE DE CAPACITÉ.

165 — L'unité de capacité est le litre ou décimètre cube. C'est un vase cylindrique dont la hauteur est double du diamètre de base, pour les liquides, et égale au diamètre de base, pour les graines, les substances sèches.

Ses multiples sont :

Le décalitre,
L'hectolitre,
Le kilolitre.

Et ses sous-multiples :

Le décilitre,
Le centilitre,
Et le millilitre.

Le kilolitre n'est autre chose que le mètre cube et le millilitre, le centimètre cube.

Ces mesures ont, selon leur destination, l'une des deux formes du litre et chacune a son double et sa moitié.

Une des anciennes mesures de capacité était le *muid* égal à 8 pieds cubes.

Le muid valait 2 feuillettes et la feuillette 144 pintes.

Il est facile, en partant de la valeur du pied cube en mètre, d'en déduire la valeur de la feuillette et de la pinte en litres et fractions décimales du litre.

MESURES DE POIDS.

166 — L'unité de poids est le gramme qui est le millième du kilogramme.

Le kilogramme est le poids, dans le vide,

d'un décimètre cube d'eau distillée, et à la température de 4 degrés centigrades au-dessus de zéro, température du maximum de densité de l'eau.

Ces conditions peuvent être réalisées dans tous les temps et dans tous les pays.

De la connaissance du kilogramme il est facile de conclure le poids de l'eau que peut contenir chacune des unités de capacité; le gramme, par exemple, est le poids d'un centimètre cube d'eau dans les conditions énoncées plus haut.

Pour les unités de poids la nomenclature a été insuffisante. Il a fallu adopter deux autres unités : *Le quintal métrique* ou 100 kilogrammes et *la tonne métrique* (ou tonneau métrique) ou 1000 kilogrammes.

Les unités de poids sont donc

La tonne métrique,
Le quintal métrique,
Le myriagramme,
Le kilogramme,
L'hectogramme,
Le décagramme,
Le gramme,
Le décigramme,
Le centigramme,
Et le milligramme.

Chacune des unités de poids a son double et sa moitié.

L'ancienne unité de poids était la livre qui répond à 489^{gr},5. Elle valait 2 marcs; le marc, 8 onces; l'once, 8 gros et le gros, 72 grains.

MONNAIES.

167 — L'unité de monnaie est le franc.

Le franc est une pièce de monnaie du poids de 5 grammes, composée de 0,835 d'argent fin et de 0,165 de cuivre.

La pièce de 20 centimes pèse, par conséquent 1 gramme ; celle de 50 centimes, 2^{gr} 5 ; celle de 2 francs, 10 grammes ; et celle de 5 francs, 25 grammes.

40 pièces d'argent de 5 francs pèsent 1 kilogramme.

La pièce de 5 francs est la seule qui conserve son titre des $\frac{9}{10}$ de fin. Elle ne renferme qu'un dixième de cuivre [1].

Les pièces d'or usitées en France et composées, comme la pièce de 5 francs d'argent, de 9 dixièmes d'or pur et d'un dixième de cuivre, sont :

La pièce de	5 francs qui pèse	1^{gr},61290
—	10 —	—	3,22580
—	20 —	—	6,45161
—	50 —	—	16,12903
Et —	100 —	—	32,258065

On trouve facilement ces poids, sachant que la monnaie d'or vaut, à poids égal, 15 fois 1/2 celle d'argent.

155 pièces d'or de 20 francs pèsent 1 kilogramme.

Les monnaies de cuivre sont :

La pièce de	1 centime qui pèse	1^{gr}
—	2 —	—	2
—	5 —	—	5
—	10 —	—	10

168 — On appelle titre d'un métal entrant dans un alliage le quotient du poids de ce métal par le poids total de l'alliage.

La loi tolère 2 millièmes en plus ou en moins sur le titre normal des pièces d'or ou d'argent. La tolérance sur les poids varie selon les difficultés des pesées. Elle est des 2 millièmes du poids des pièces d'or ; des 3 millièmes pour les pièces d'argent de 5 francs ; des 5 millièmes

Titre d'un métal.

Tolérance sur le titre.

Tolérance sur les poids.

____

[1] Loi du 27 juin 1866.

pour les pièces de 2 francs et de 1 franc ; des 7 millièmes pour les pièces de 50 centimes et des 10 millièmes pour les pièces de 20 centimes.

Pour les monnaies de cuivre la tolérance est des 10 millièmes du poids des pièces de 10 et de 5 centimes et des 15 millièmes du poids des pièces de 1 et de 2 centimes.

Les pièces de monnaie ont des dimensions réglées par la loi.

L'ancienne unité de monnaie était la livre tournois dont la valeur a été fixée à 99 centimes et qui se subdivisait en 20 sous ; le sou en 4 liards et le liard en 3 deniers.

PUISSANCES ET RACINES.

169 — Les produits d'un nombre multiplié par lui-même se nomment puissances de ce nombre, 4, 8, 16……. sont la seconde, la troisième, la quatrième……. puissances de 2. La seconde et la troisième puissances d'un nombre sont appelées le carré et le cube de ce nombre.

Ainsi 4 et 8 sont le carré et le cube de 2 (162, 164).

Les carrés des 10 premiers nombres sont :

1, 4, 9, 16, 25, 36, 49, 64, 81, 100.

Puisque le carré de 10 est 100, le carré d'un nombre de dixaines exprime des centaines.

Les cubes des 10 premiers nombres sont :

1, 8, 27, 64, 125, 216, 343, 512, 729, 1000.

Le cube de 10 étant mille, le cube d'un nombre quelconque de dixaines exprime des mille.

170 — $(a+b)^2 = a^2 + 2ab + b^2$

Ce qui nous apprend que le carré d'un nombre composé de 2 parties égale le carré de la première partie, plus le double produit de la première par la seconde, plus le carré de la seconde.

Ce que c'est qu'une puissance d'un nombre, un carré, un cube.

Carrés des 10 premiers nombres.

Cubes des 10 premiers nombres.

Théorème.
Carré d'un nombre composé de 2 parties.

Si a représente des dixaines et b des unités, nous concluons que

Carré d'un nombre composé de dixaines et d'unités.

Le carré d'un nombre composé de dixaines et d'unités égale le carré des dixaines, plus le double produit des dixaines par les unités, plus le carré des unités.

171 — Si dans la formule (170) nous faisons $b=1$, elle devient

$$(a+1)^2=a^2+2a\times 1+1^2 \quad \text{ou}$$
$$a^2+2a\quad +1. \text{ donc}$$
$$(a+1)-a^2=2a+1 \text{ Ce qui signifie que}$$

Corollaire.

Différence entre les carrés de deux nombres qui diffèrent d'une unité.

La différence entre les carrés de deux nombres qui diffèrent d'une unité égale 2 fois le plus petit, plus un.

Ainsi

$$61^2=60^2+2\times 60+1=3600+120+1=3720$$
$$49^2=50^2-(2\times 49+1)=2500-(98+1)=2401$$

172 — Si nous faisons $b=\frac{1}{2}$, la formule (170) devient

$$(a+\frac{1}{2})^2=a^2+2a\times\frac{1}{2}+(\frac{1}{2})^2, \text{ ou}$$
$$=a^2+a+\frac{1}{4} \text{ ou, en langage}$$

ordinaire,

Corollaire.

Différence entre les carrés de deux nombres qui diffèrent d'une 1/2 unité.

La différence entre les carrés de deux nombres qui diffèrent d'une 1/2 unité, égale le plus petit plus 1/4 d'unité.

Ainsi

$$(60,5)^2=60^2+60+0,25=3660,25 \quad \text{et}$$
$$(59,5)^2=60^2-(59,5+0,25)=60^2-59,75=$$
$$3540,25$$

Telles sont les principales conséquences de la formule (170). Elles nous seront de la plus grande utilité.

EXTRACTION DE LA RACINE CARRÉE

D'UN NOMBRE ENTIER.

173 — On appelle *racine carrée* d'un nombre le nombre qui, multiplié par lui-même, donne le carré donné : 7 est la racine carrée de 49. La racine carrée se désigne par $\sqrt{\ }$. Ainsi $\sqrt{49} = 7$.

Nous ne chercherons d'abord que la racine du plus grand carré entier contenu dans le nombre proposé. L'excès, de ce nombre sur le plus grand carré entier qu'il contient, est appelé *reste*.

Nous allons successivement nous occuper :

1° De la racine des nombres moindres que 100,

2° De la racine des nombres compris entre 100 et 1000,

3° De la racine carrée des nombres quelconques.

Pour extraire la racine carrée des nombres moindres que 100, il suffit de connaître la table de Pythagore (30). La racine carrée de 73, par exemple, est 8 et le reste, 9.

Racine carrée du plus grand carré entier contenu dans un nombre compris entre 100 et 10 000.

174 — Soit proposé d'extraire la racine carrée du plus grand carré entier contenu dans 2163.

Ce nombre étant plus grand que 100, sa racine est supérieure à 10 : elle se compose donc de dixaines et d'unités. Ce nombre 2163 contient donc, au moins, 3 parties ; le carré des dixaines, le double produit des dixaines par les unités et le carré des unités [1]. Le carré des dixaines donnant des centaines, est contenu dans les 21 centaines du nombre proposé.

---

(1) Il est clair qu'il s'agit des dixaines et des unités de la racine.

Le plus grand carré contenu dans 21 est 16 dont la racine est 4, 4 est le chiffre des dixaines de la racine.

En effet, le carré de 4 dixaines ou 40 est 1600, nombre inférieur au nombre proposé ; la racine cherchée est donc supérieure à 4 dixaines. Elle est inférieure à 5 dixaines, dont le carré 25 centaines ou 2500 est supérieur au nombre proposé. Cette racine est donc comprise entre 4 dixaines et 5 dixaines : tous les nombres compris entre 40 et 50 ayant 4 pour premier chiffre, 4 est le chiffre des dixaines ou le premier chiffre de la racine.

Retranchons du nombre proposé 1600 ou le carré des dixaines. Le reste 563 contient encore, au moins, le double produit des dixaines par les unités et le carré des unités ; le double des dixaines par les unités donne un produit de dixaines qui se trouve contenu dans les 56 dixaines. 56 contient donc, au moins, le double des dixaines par les unités [1] donc, en le divisant par le double des dixaines, on obtient le chiffre des unités ou un chiffre trop grand. 56 divisé par 8, double des dixaines, donne 7 pour quotient. Comme on ne peut retrancher de 563 le produit de 87 ou de $(80+7)$ par 7, c'est-à-dire les 2 autres parties du carré de 47 : le double produit des dixaines par les unités et le carré des unités, le chiffre 7 est trop grand. On le diminue d'une unité ; on multiplie 86 par 6 et l'on retranche 546 de 563. Le reste est 47 et la racine 46.

Remarque. Si l'on cherchait la racine du nombre proposé, à moins d'une unité, on pourrait prendre 46 ou 47 ; mais le reste étant supérieur à la racine, 46, plus 1/4, on prendrait, de préférence, 47, comme étant le plus approché (172).

---

[1] Il peut contenir, en effet, des dixaines provenant du carré des unités et du reste.

Racine carrée du plus grand carré entier contenu dans un nombre quelconque.

216328	465
4728	
4625	925
	5
193	

175 — Soit proposé d'extraire la racine carrée du plus grand carré entier contenu dans 216328.

Ce nombre étant plus grand que 100, la racine est plus grande que 10 ; elle contient donc des dixaines et des unités. Le nombre proposé contient donc, au moins, 3 parties : le carré des dixaines, le double produit des dixaines par les unités et le carré des unités [1]. Le carré des dixaines donne des centaines que l'on ne doit chercher que dans les 2163 centaines. Cherchons donc le plus grand carré entier contenu dans 2163. Nous venons de voir (174), que ce plus grand carré a pour racine 46 et que le reste est 47 ; c'est-à-dire que, si du nombre proposé on retranche le carré de 46 dixaines, le reste est 4728.

46, racine du plus grand carré entier contenu dans 2163 exprime les dixaines de la racine.

En effet, soit a ce nombre de dixaines

$$a^2 < 2163 < (a+1)^2, \qquad \text{puis}$$
$$a^2 \times 10^2 < 216300 < (a+1)^2 \times 10^2$$

216300 diffère donc des termes extrêmes d'au moins une centaine, puisque 2163 diffère des termes extrêmes dans les premières inégalités d'au moins une unité, je puis donc, à 216300, ajouter 28 unités, nombre moindre qu'une centaine, sans troubler ces inégalités et il vient

$$a^2 \times 10^2 < 216328 < (a+1)^2 \times 10^2, \quad \text{ou,}$$
extrayant la racine carrée,

$$a \times 10 < \sqrt{216328} < (a+1) \times 10, \quad \text{c'est-}$$
à-dire que la racine est comprise entre a dixaines et $(a+1)$ dixaines : 46 représente donc bien les dixaines de la racine.

Comme nous l'avons dit, le nombre proposé diminué du carré de 46 dixaines, donne pour reste 4728, 4728 contient donc encore, au

---

[1] Il s'agit des dixaines et des unités de la racine.

moins, le double produit des dixaines par les
unités de la racine et le carré des unités : le
double produit des dixaines par les unités
donnant des dixaines, est contenu dans les
472 dixaines. 472 contient donc, au moins, le
double produit des dixaines par les unités ;
donc en divisant ce nombre par le double des
dixaines, on obtient le chiffre des unités ou un
chiffre trop grand. 472 divisé par 92, double
des dixaines, donne pour quotient 5. Si à la
droite de 92 on écrit ce chiffre 5, le nombre
925 est le double des dixaines plus les unités
et, en le multipliant par le chiffre des unités,
on obtient 4625 qui est le double produit des
dixaines par les unités, plus le carré des unités.
Ce nombre pouvant se retrancher de 4728, 5
est le chiffre de la racine. Cette racine est 465.
Le reste est 103.

Voici dans la pratique, comment on pro-
cède :

Je partage ce nombre en tranches de deux
chiffres, à partir de la droite. La dernière à
gauche est 21. Le plus grand carré contenu
dans 21 est 16 dont la racine est 4. 4 est le
premier chiffre de la racine. Je l'écris à la racine, 4 fois 4, 16 ; de 21, 5. J'abaisse la tranche 63, ce qui me donne 563, je sépare le 3
et je divise 56 par 8 double de la racine ; 56
divisé par 8 donne pour quotient 6, j'écris 6 à
la droite de 8 et je multiplie 86 par 6. Faisant
la soustraction en même temps que la multiplication, je dis : 6 fois 6, 36 ; de 43, 7 et je
retiens 4. 6 fois 8, 48 et 4, 52 ; de 56, 4. Le reste
est 47. 6 étant le second chiffre de la racine,
je l'écris à la droite du 4, j'ai 46 pour la partie trouvée de la racine. A la droite du reste 47,
j'abaisse la tranche 28, ce qui me donne 4728.
Je sépare le 8 et je divise 472 par le double de la
racine ou par (86+6) ou 92 : le quotient est
5 que j'écris à droite de 92, ce qui me donne
925 que je multiplie par 5. Faisant la soustraction en même temps que cette multiplication, je dis : 5 fois 5, 25 ; de 28, 3 et je retiens

2. 5 fois 2, 10 et 2, 12; de 12, zéro, et je retiens 1 ; 5 fois 9, 45 et 1, 46; de 47, 1. Le restee st 103. 5 étant le chiffre des unités de la racine, je l'écris à la droite du 6 et j'ai 465, pour racine.

De ce que nous venons d'établir résulte la règle suivante :

Règle.

176 — *Pour extraire la racine carrée du plus grand carré entier contenu dans un nombre quelconque, on partage ce nombre en tranches de 2 chiffres, à partir de la droite, la dernière, à gauche, pouvant n'avoir qu'un seul chiffre. On extrait la racine du plus grand carré entier contenu dans cette tranche de gauche, le chiffre obtenu est le premier de la racine. On retranche ce carré de la tranche de gauche, et à la droite du reste, s'il y en a un, on abaisse la tranche suivante. On sépare un chiffre sur la droite du nombre ainsi obtenu et l'on divise la partie de gauche par le double de la partie obtenue de la racine. On obtient ainsi le second chiffre de la racine ou un chiffre trop grand. On l'écrit à la droite du double de la racine et l'on multiplie, par ce chiffre, le nombre ainsi formé. Si le produit peut se retrancher du nombre correspondant, c'est que ce chiffre est le second de la racine ; s'il ne peut se retrancher, on diminue ce chiffre successivement d'une unité, jusqu'à ce que la soustraction puisse se faire. À la droite du reste, on abaisse la tranche suivante ; on sépare un chiffre sur la droite du nombre ainsi obtenu et l'on divise la partie de gauche par le double de la partie obtenue de la racine..... On continue ainsi jusqu'à ce qu'on ait abaissé toutes les tranches du nombre proposé. Le nombre ainsi trouvé est la racine à moins d'une unité.*

Du reste dans l'extraction d'une racine carrée.

177 — Il résulte, du numéro (174) que, dans la suite des opérations, on ne peut trouver un reste supérieur au double de la racine obtenue.

Si, dans l'exemple qui vient de nous occuper, on remarque que le reste est inférieur à la racine plus 1/4 d'unité, on conserve 465 pour racine et cette racine est à moins d'1/2 unité.

Du nombre des chiffres de la racine.

178 — D'après le procédé que nous venons d'exposer un nombre a autant de chiffres à sa racine qu'il renferme de tranches de 2 chiffres, ce qui est évident, puisque chaque tranche fournit un chiffre à la racine.

On peut facilement d'ailleurs en donner une démonstration directe. Si, en effet, on représente par N le nombre proposé et par n le nombre de ses tranches, on a

$$10^{2n-2} < N < 10^{2n}$$

ou, en extrayant la racine,

$$10^{n-1} < \sqrt{N} < 10^n .$$

Donc la racine cherchée a n chiffres puisqu'elle est comprise entre 10^{n-1} qui est le plus petit nombre de n chiffre et 10^n qui est le plus petit de $(n+1)$ chiffres.

Nous allons donner les principaux caractères auxquels on reconnaît qu'un nombre n'est pas un carré parfait.

CARACTÈRES AUXQUELS ON RECONNAIT QU'UN NOMBRE
N'EST PAS UN CARRÉ PARFAIT.

Théorème.
Tout nombre impair qui, diminué d'une unité, n'est pas divisible par 4, n'est pas un carré parfait.

179 — En effet, si un nombre est impair, sa racine est impaire ; elle est donc de la forme $2n+1$. Le nombre proposé est donc

$$(2n+1)^2 = 4n^2 + 4n + 1, \qquad \text{ou}$$
$$(2n+1)^2 - 1 = 4(n^2+n)$$

et, par conséquent, le nombre diminué de 1, est divisible par 4.

Théorème.
Un nombre n'est pas un carré parfait s'il est

180 — En effet, si dans la formule
$$(a+b)^2 = a^2 + 2ab + b^2,$$
a représente des dixaines et b des unités, le

terminé par l'un des chiffres 2, 3, 7, 8.

deux premières parties du second membre sont terminées, la première par 2 zéros et la seconde par un zéro ; le chiffre des unités provient donc de b^2, c'est-à-dire, du carré des unités. Or, aucun des neuf premiers nombres ne donne un carré terminé par l'un des chiffres 2, 3, 7, 8 (169). Donc.....

Théorème.

Un nombre terminé par un 5 n'est pas un carré parfait, s'il n'est terminé par 25.

181 — Nous venons de voir que, dans un carré, le chiffre des unités provient du carré du chiffre des unités de la racine. Or, le chiffre qui donne un carré terminé par un 5, est 5 ; donc, dans la formule plus haut, $b=5$. On a

$$(a+5)^2 = a^2 + 2a \times 5 + 5^2 \qquad \text{ou}$$
$$a^2 + 10a + 25$$

Les 2 premières parties du second membre exprimant des centaines, les 2 derniers chiffres du nombre sont 25.

Théorème.

Un nombre qui a un facteur premier α et qui n'est pas divisible par α^2 n'est pas un carré parfait.

Corollaires :

182 — En effet, tout nombre premier qui divise une puissance d'un nombre divise ce nombre (98). Donc la racine est divisible par α. Elle est donc de la forme αn, et le nombre, par conséquent, est $\alpha^2 n^2$. Il est donc divisible par α^2.

1° Un nombre pair n'est pas un carré s'il n'est pas divisible par 4.

2° Si un nombre est terminé par zéro, il est divisible par 2 et par 5. Par conséquent si ce nombre est un carré, les exposants de 2 et de 5 sont pairs. Donc ce nombre est terminé par un nombre pair de zéros.

Et, par suite,

Un nombre terminé par zéro, n'est pas un carré parfait s'il n'est terminé par un nombre pair de zéros.

3° Un nombre décimal ayant à sa partie fractionnaire un nombre impair de chiffres n'est pas un carré parfait.

En effet, que la racine carrée soit une fraction proprement dite ou un nombre fractionnaire, si elle a, pour dénominateur, une puissance de 10, le carré a pour dénominateur une puissance paire de 10.

Théorème.

Si un nombre entier n'a pas une racine entière exacte, il n'a pas non plus de racine fractionnaire exacte.

183 — Soit N ce nombre entier; a et b deux nombres premiers entre eux. Je dis qu'on n'a pas

$$\sqrt{N} = \frac{a}{b}$$

Si j'élève au carré les 2 membres, j'ai

$$N = \frac{a^2}{b^2}.$$

a et b étant premiers entre eux, il en est de même de a^2 et b^2 (98). Donc le second membre n'est pas, comme le premier, un nombre entier. Donc la racine de N ne peut être fractionnaire exacte.

DE L'ERREUR ABSOLUE ET DE L'ERREUR RELATIVE D'UNE RACINE CARRÉE (137, 138).

Théorème.

L'erreur absolue d'une racine carrée est moindre que le reste divisé par le double de la racine non forcée.

184 — Si N est le nombre entier dont on a extrait la racine; a, la racine et R le reste, on a

$$N = a^2 + R$$

Si d'ailleurs on représente par α l'erreur absolue de cette racine, c'est-à-dire la fraction qu'il faudrait ajouter à a pour avoir la racine exacte (fraction qui, comme nous venons de le voir, n'existe pas), on a aussi

$$N = (a+\alpha)^2 = a^2 + 2a\alpha + \alpha^2.$$

Donc $\quad a^2 + 2a\alpha + \alpha^2 = a^2 + R,\qquad$ ou

$\qquad 2a\alpha + \alpha^2 = R.\qquad\qquad$ Donc

$\qquad 2a\alpha < R.\qquad\qquad\qquad$ Donc

$$\alpha < \frac{R}{2a}.$$

Ainsi, comme nous l'avons annoncé, α, l'erreur absolue, est moindre que le reste divisé par le double de la racine.

Dans ce qui précède, a est la racine trouvée, la racine par défaut.

Supposons maintenant que a' soit la racine

par excès et soit R' ce qui manque à N pour égaler a'^2, c'est-à-dire

$$a'^2 - R' = N$$

Si α est la fraction qu'il faudrait retrancher de a' pour avoir la racine exactement, on a

$$(a' - \alpha)^2 = a'^2 - 2a'\alpha + \alpha^2 = N; \qquad \text{donc}$$

$$a'^2 - 2a'\alpha + \alpha^2 = a'^2 - R', \qquad\qquad \text{ou}$$

$$-2a'\alpha + \alpha^2 = -R', \qquad\qquad \text{ou}$$

$$2a'\alpha - \alpha^2 = R' \qquad\qquad \text{ou}$$

$$\alpha(2a' - \alpha) = R', \qquad \text{ou, évidemment,}$$

$$\alpha(2a' - 2) < R', \qquad\qquad \text{c'est-à-dire}$$

$$\alpha 2(a' - 1) < R' \qquad \text{et finalement et à}$$

fortiori, $\alpha < \dfrac{R}{2(a' - 1)}$ [1]

Ce qui démontre le théorème énoncé puisque $a' - 1$ est la racine non forcée ou la racine par défaut.

Ce théorème permet de voir instantanément une limite de l'erreur, si, remarquant qu'on raisonne par *à fortiori*, on choisit convenablement les deux termes de l'expression limite.

Si, par exemple, on a trouvé 367 pour racine et pour reste 39, on voit immédiatement que l'erreur, moindre que $\dfrac{39}{2 \times 367}$, est moindre que $\dfrac{40}{2 \times 360}$ ou que $\dfrac{40}{720}$ ou enfin que cette erreur est moindre que $\dfrac{1}{18}$.

On voit de même que l'erreur relative est moindre que $\dfrac{1}{18 \times 300}$ ou moindre que $\dfrac{1}{5400}$ (138). Cette limite nous paraît suffisante.

---

(1) Nous disons *à fortiori*, car nous remplaçons R' par R qui est plus grand que R' puisqu'on a forcé le dernier chiffre de la racine.

DE LA RACINE CARRÉE D'UN NOMBRE DÉCOMPOSÉ EN SES FACTEURS PREMIERS.

185 — Soit un nombre N dont les facteurs premiers sont a, b, c; le facteur a étant pris n fois ; le facteur b, n' fois et le facteur c, n'' fois (46,(1))

$$N = a^n b^{n'} c^{n''} \quad (1). \qquad \text{Son carré est}$$

$$N^2 = a^{2n} b^{2n'} c^{2n''} \quad (42)$$

Ce qui nous apprend qu'un carré a ses exposants pairs et que, réciproquement, si un nombre a ses exposants pairs, ce nombre est un carré parfait.

Nous voyons donc que si un nombre est décomposé en ses facteurs premiers, il se peut qu'on en puisse immédiatement conclure la racine :

Si les exposants sont pairs, il suffit, en effet, comme nous le voyons plus haut, de faire le produit des facteurs de ce nombre chacun ayant pour exposant la $1/2$ de celui qu'il a dans le carré.

$14400 = 2^6 \times 3^2 \times 5^2$. Les exposants de ce nombre étant pairs, on a immédiatement la racine qui est

$$2^3 \times 3 \times 5 \text{ ou } 120.$$

186 — Si ce nombre n'avait pas ses exposants pairs, ou pourrait, pour racine, prendre le produit des facteurs dont on a divisé par 2 les exposants pairs, par les facteurs dont on aurait extrait la racine.

Exemple : $\sqrt{48} = \sqrt{2^4 \times 3} = 2^2 \sqrt{3}$

Théorème.
Un carré a un nombre impair de diviseurs.

187 — Soit N^2 un carré (185), chacun de

(1) Nous supposons que n, n', n'' sont des nombres entiers.

ses exposants est de la forme $2n$, et si a, b, c sont ses facteurs premiers, ce nombre est

$$N^2 = a^{2n}b^{2n'}c^{2n''}.$$

Nous avons vu (103) que le nombre de ses diviseurs est

$$(2n+1)\ (2n'+1)\ (2n''+1),$$

chacun de ces facteurs étant impair, leur produit ou le nombre des diviseurs du nombre proposé, est impair.

Réciproquement : Si le nombre des diviseurs d'un nombre est impair, ce nombre est un carré parfait.

188 — Ce nombre ayant un nombre impair de diviseurs, chaque facteur du produit ci-dessus (187) est impair ; donc diminué de 1, il est pair ; donc l'exposant de chaque facteur est pair ; donc (185) ce nombre est un carré parfait.

Des facteurs conjugués.

189 — Soit 144, par exemple (82).

Le tableau suivant nous donne les produits, de 2 facteurs entiers, qui égalent 144 :

$$
\begin{aligned}
1 &\times 144\\
2 &\times\ 72\\
3 &\times\ 48\\
4 &\times\ 36\\
6 &\times\ 24\\
8 &\times\ 18\\
9 &\times\ 16\\
12 &\times\ 12
\end{aligned}
$$

Ces produits de deux facteurs équidistants des extrêmes sont constants et ces facteurs sont dits *conjugués*.

Si l'on prolongeait ce tableau, on aurait 16×9, 18×8......, c'est-à-dire dans un ordre inverse, les produits des facteurs déjà écrits. Il est évident qu'à chaque facteur 8, par exemple, moindre que 12, correspond un facteur 18 plus grand que 12.

On énonce ainsi cette remarque :

Un nombre a autant de diviseurs au-dessus qu'au-dessous de sa racine.

Théorème (187).

Elle permet de démontrer simplement les théorèmes (187) et (188) :

Soit N un nombre dont la racine carrée est R. On a

$N = R \times R$. Si l'on a aussi $N = a \times b$ (R, a, b, étant entiers) il en résulte que

$$a \times b = R \times R$$

et que si a est moindre que R, il est évident que l'on a

$$b > R$$

Donc à chaque diviseur a plus petit que R correspond un diviseur b plus grand que R. La somme de ces diviseurs différents, pris 2 à 2, est un nombre pair qui augmenté de 1 (puisque la racine ne donne qu'un diviseur) donne un nombre impair pour le nombre des diviseurs d'un nombre carré parfait.

Théorème (188).

Réciproquement : Si le nombre des diviseurs est impair, 2 des facteurs conjugués sont égaux et ce facteur est, par définition, la racine carrée du nombre proposé qui est, par conséquent, un carré parfait.

EXTRACTION D'UNE RACINE CARRÉE AVEC UNE
APPROXIMATION DONNÉE.

Racine carrée à moins de $\frac{m}{n}$ près.

190 — Soit proposé d'extraire la racine carrée d'un nombre N à moins d'une fraction donnée $\frac{m}{n}$.

Soient x et $x+1$ les deux nombres de $\frac{m}{n}$ qui comprennent la racine cherchée, de sorte que l'on a

$$\frac{m}{n}x < \sqrt{N} < \frac{m}{n}(x+1). \quad \text{Elevant au carré}$$

$$\frac{m^2}{n^2}x^2 < N < \frac{m^2}{n^2}(x+1)^2 \quad \text{ou, en multipliant}$$

par $\frac{n^2}{m^2}$,

$$x^2 < N\frac{n^2}{m^2} < (x+1)^2$$ ou, extrayant la racine carrée,

$$x < \sqrt{N\frac{n^2}{m^2}} < x+1$$

On cherche donc, à moins d'une unité, la racine carrée de $N\frac{n^2}{m^2}$. On pourrait prendre soit x, soit $x+1$: on choisit celui de ces deux nombres qui est le plus approché en vertu de (172).

Règle. *Pour trouver la racine carrée d'un nombre à moins d'une fraction donnée $\frac{m}{n}$ près, on multiplie ce nombre par $\frac{n^2}{m^2}$ et du produit on extrait la racine à moins d'une unité. On a ainsi x et $x+1$ qui sont les deux nombres de $\frac{m}{n}$ qui répondent à la question. On choisit entre ces deux nombres (172).*

Application :

Soit proposé, par exemple, d'extraire la racine carrée de 17 à moins de $\frac{3}{7}$ près.

(On fera bien de répéter le même raisonnement que plus haut en remplaçant $\frac{m}{n}$ par $\frac{3}{7}$ et N par 17).

On trouve

$$x < \sqrt{17 \times \frac{7^2}{3^2}} < x+1, \qquad \text{ou}$$

$$x < \sqrt{17 \times \frac{49}{9}} < x+1$$

$$x < \sqrt{92\frac{5}{9}} < x+1$$

$$17 \times \frac{49}{9} = \frac{833}{9} = 92\frac{5}{9}$$

La racine carrée de $92\frac{5}{9}$ est comprise entre 9 et 10.

Par conséquent $x=9$, $x+1=10$

Si nous remarquons que $9^2=81$ et que, par conséquent, le reste est $11\frac{5}{9}$, nous concluons (172) que 10 est plus approché de la racine que 9. Nous prenons donc 10 pour le nombre de $\frac{3}{7}$.

Ce résultat est donc $\frac{3}{7}\times 10$ ou $\frac{30}{7}$, ou $4\frac{2}{7}$.

Telle est la racine carrée de 17 à moins de $\frac{3}{7}$ près.

Corollaire.

191—Si dans la fraction précédente d'approximation, on fait $m=1$, on en conclut la règle pour obtenir la racine carrée d'un nombre à moins de $\frac{1}{n}$ près.

Règle.

Pour obtenir la racine carrée d'un nombre à moins de $\frac{1}{n}$ près, on multiplie ce nombre par n^2 *et du produit on extrait la racine à moins d'une unité. On prend alors* x *ou* $x+1$ *selon le reste trouvé dans l'extraction de cette racine.*

CARRÉ ET RACINE CARRÉE D'UNE FRACTION.

192—Le carré d'une fraction est le produit de cette fraction par elle-même : (122) $\frac{a^2}{b^2}$, $\frac{9}{16}$ sont les carrés de $\frac{a}{b}$ et de $\frac{3}{4}$.

De là cette conséquence :

La racine carrée d'une fraction égale la

racine carrée du numérateur divisée par la racine carrée du dénominateur. C'est, en effet, la règle que l'on suit quánd le dénominateur de la fraction est un carré parfait, parce qu'alors on peut obtenir la racine avec toute l'approximation désirable.

Ainsi $\sqrt{\dfrac{16}{25}} = \dfrac{4}{5}$

et $\sqrt{\dfrac{23}{36}} = \dfrac{\sqrt{23}}{6}$ Il est clair que l'on pourra prendre la racine de 23 avec toute l'approximation que l'on voudra et que le résultat étant divisé par 6, l'erreur finale ne sera que le $\dfrac{1}{6}$ de l'erreur de l'extraction.

Si le dénominateur n'est pas un carré parfait, on multiplie les deux termes de la fraction par un nombre tel que la fraction résultante ait un dénominateur carré parfait.

Ainsi

$$\sqrt{\dfrac{5}{7}} = \sqrt{\dfrac{5\times 7}{7^2}} = \dfrac{\sqrt{5\times 7}}{7} = \dfrac{\sqrt{35}}{7}$$

On prendra $\dfrac{6}{7}$ pour racine, si l'on trouve cette approximation suffisante

$$\sqrt{\dfrac{5}{12}} = \sqrt{\dfrac{5}{2^2\times 3}} = \sqrt{\dfrac{5\times 3}{2^2\times 3^2}}$$

$$= \dfrac{\sqrt{15}}{2\times 3} = \dfrac{\sqrt{15}}{6}$$

La racine est $\dfrac{4}{6}$ ou $\dfrac{2}{3}$ à moins d'$\dfrac{1}{6}$ près.

Il est facile de conclure la règle suivante :

Règle.

193 — *On multiplie les deux termes de la fraction dont on veut extraire la racine carrée par le produit des facteurs premiers du dénominateur qui rendent ce dénominateur un carré parfait.*

Quant à l'extraction de la racine carrée d'une fraction avec une approximation donnée, on pourra suivre la règle établie plus haut ; mais ce serait une erreur grave de croire qu'il faille toujours rigoureusement la suivre.

Expliquons-nous par un exemple :

Soit proposé d'extraire la racine carrée de $\frac{29}{7}$ à moins d'$\frac{1}{1000}$ près.

D'après la règle (191) établie plus haut, on multiplie $\frac{29}{7}$ par 1000^2, ce qui donne $\frac{29\,000\,000}{7}$ dont il faut extraire la racine carrée à moins d'une unité, cette unité étant ici le millième. Nous aurions donc à extraire la racine carrée à moins d'une unité, cette unité étant le millième, de $4,142857\frac{1}{7}$. Puisqu'au résultat nous ne devons avoir que 4 chiffres exacts, il est important de remarquer qu'il n'est pas nécessaire de prendre ces 6 chiffres décimaux et que 4 suffisent. Nous prendrons donc seulement 4,1429 et nous allons démontrer que la racine carrée de ce nombre poussée jusqu'aux millièmes, nous donne un résultat à moins d'$\frac{1}{1000}$.

En effet, l'erreur relative de 4,1429 est moindre que $\frac{1}{2}\cdot\frac{1}{4}\cdot\frac{1}{10^4}$ (149), par conséquent l'erreur relative de la racine est moindre que $\frac{1}{4}\cdot\frac{1}{4}\cdot\frac{1}{10^4}$ (141) ou moindre que $\frac{1}{10^5}$; donc à la racine on aura 5 chiffres exacts (140) et comme il n'y en a qu'un à la partie entière, on pourrait, dans l'exemple qui nous occupe, en avoir 4 à la partie décimale, c'est-à-dire avoir la racine avec une erreur absolue moindre que $\frac{1}{10^4}$.

En se contentant de la règle (139) sur l'erreur relative, on peut établir la règle suivante :

Règle.

194 — *Pour obtenir une racine carrée avec* n *chiffres exacts, il suffit que le carré contienne* n+1 *chiffres exacts.*

Nota. Il est facile de s'assurer que si cela est vrai pour une racine carrée, c'est à plus forte raison vrai pour une racine de degré supérieur.

MÉTHODE ABRÉGÉE D'EXTRACTION DE LA RACINE CARRÉE.

195 — Quand on a obtenu plus de la moitié des chiffres d'une racine carrée, on peut obtenir, à moins d'une unité, les derniers chiffres de la racine, en divisant le reste de l'opération par le double de la racine obtenue.

Soit N le nombre dont on extrait la racine, a la partie trouvée et b la partie cherchée de la racine. On a

$$N = (a+b)^2 = a^2 + 2ab + b^2, \text{ ou}$$

$$\frac{N-a^2}{2a} = b + \frac{b^2}{2a}$$

Si l'on appelle q le quotient et r le reste de la division de $N-a^2$ par $2a$; on a

$$\frac{N-a^2}{2a} = q + \frac{r}{2a}$$

Je dis que q égale b à moins d'une unité.

En effet, les premiers membres de ces égalités étant égaux, les seconds le sont et l'on a

$$q + \frac{r}{2a} = b + \frac{b^2}{2a} \qquad \text{ou}$$

$$q = b + \frac{b^2}{2a} - \frac{r}{2a}$$

D'après l'hypothèse b contient moins de la moitié des chiffres de a, b^2 contient donc moins de chiffres que a ; donc $\dfrac{b^2}{a}$ est moindre que 1 et à plus forte raison $\dfrac{b^2}{2a}$.

D'ailleurs $\frac{r}{2a}$ est moindre que 1 ; donc cette différence $\frac{b^2}{2a} - \frac{r}{2a}$ est moindre que 1. Donc q égale b à moins d'une unité.

Il est important de remarquer que selon que r est supérieur, inférieur ou égal à q^2, la racine est par défaut, par excès ou exacte.

En effet, selon que q, la partie cherchée de la racine, est par défaut ou par excès, on a

$$N \gtrless (a+q)^2, \quad N \gtrless a^2 + 2aq + q^2,$$

$$\frac{N-a^2}{2a} \gtrless q + \frac{q^2}{2a} \quad \text{et, par suite,}$$

$$q + \frac{r}{2a} \gtrless q + \frac{q^2}{2a} \text{ ou } r \gtrless q^2$$

Ce qui démontre la remarque énoncée plus haut. Il est évident, d'après cela, que, si r égale q^2, la racine est exacte.

Prenons un exemple :

Trouver à moins d'une unité la racine carrée de 61 690 439 654 123

<table>
<tr><td>61 690 439 654 123</td><td>7854</td></tr>
<tr><td>12 69</td><td></td></tr>
<tr><td>8504</td><td>148</td></tr>
<tr><td>67939</td><td>8</td></tr>
<tr><td>5123</td><td></td></tr>
<tr><td></td><td>1565</td></tr>
<tr><td>5123 654 123</td><td>5</td></tr>
<tr><td></td><td>15704</td></tr>
<tr><td></td><td>4</td></tr>
<tr><td></td><td>15708</td></tr>
</table>

J'extrais la racine carrée de ce nombre jusqu'à ce que j'aie trouvé les 4 premiers chiffres de la racine ou 7854 mille.

Le carré de ce nombre retranché du nombre proposé donne pour reste

5 123 654 123

```
5 123 654 425 | 15708000
  411 25       |
   97 094      | 326
    2 846      |

      2 846 123

        326
        326      2,846 123 > 106 276

       1956
        652
        978

      106276
```

Je divise maintenant ce nombre par le double de 7854 mille ou par 15 708 000 ou simplement 5 123 654 par 15 708. J'obtiens pour quotient 326 qui donne les 3 derniers chiffres de la racine. La racine, à moins d'une unité, est donc 7 854 326 et comme le reste 2 846 123 est supérieur à q^2 ou à 106 276, la racine trouvée est par défaut.

Par cette méthode nous trouvons la racine à mois d'une unité ; nous pouvons savoir en faisant le carré de q si elle est par excès ou par défaut ; mais nous ne pouvons apprécier l'erreur absolue ou relative.

Exercices.

1° Un nombre impair quelconque est la différence des carrés de deux nombres entiers consécutifs. Quels sont ces nombres ?

2° Sachant que 2916, par exemple, est un carré, peut-on, sans calcul, écrire la racine ?

3° Le produit de deux carrés est-il un carré ? La réciproque est-elle vraie ?

4° Le produit de deux nombres premiers différents n'est jamais un carré ou une puissance n^e exacte.

5° Un nombre premier ne peut avoir de racine n^e exacte.

6° Un carré parfait est un multiple de 3 ou le devient quand on en retranche l'unité.

7° Le carré diminué de 1, d'un nombre impair est divisible par 8.

8° Le carré de tout nombre premier supérieur à 3, est un multiple de 24, plus un.

9° Doit-on prendre plutôt l'unité que $\dfrac{n-1}{n}$

pour le résultat de 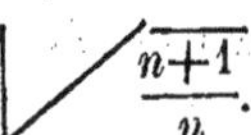 $\sqrt{\dfrac{n-1}{n}}$? Même question

pour l'unité ou $\dfrac{n+1}{n}$ pour le résultat de

$\sqrt{\dfrac{n+1}{n}}$.

10° On écrira les nombres dont on a extrait la racine, dans un système quelconque de numération. On extraira la racine dans ce système, ce qui fournira une preuve de l'extraction de la racine carrée.

11° Dans un système $q.\ c.\ q.$ de numération le carré de la base augmentée ou diminuée de 1, plus le double de la base diminuée de 1, est un multiple de la base, moins un.

12° Dans tout système de numération le carré de la base augmentée ou diminuée de 1, moins le double de la base diminuée de 1, est un multiple de la base, plus 3.

13° Dans tout système de numération, le double de la base diminuée de 1 et le carré de cette base diminuée de 1, sont composés des mêmes chiffres écrits en ordre inverse.

CUBES ET RACINE CUBIQUE.

Cube d'un nombre composé de deux parties.

Théorème.

196 — $(a+b)^3 = a^3 + 3a^2b + 3ab^2 + b^3$

Ce qui nous apprend que

Le cube d'un nombre composé de deux parties, égale le cube de la première, le triple carré de la première multiplié par la seconde, le triple de la première multiplié par le carré de la seconde et le cube de la seconde.

Si a représente des dixaines et b des unités, nous disons :

Cube d'un nombre composé de dixaines et d'unités.

Le cube d'un nombre composé de dixaines et d'unités égale le cube des dixaines, le triple carré des dixaines multiplié par les unités, le triple des dixaines multiplié par le carré des unités et le cube des unités.

197 — Si dans la formule précédente $b=1$, elle devient

$$(a+1)^3 = a^3 + 3a^2 \times 1 + 3a \times 1^2 + 1^3 \qquad \text{ou}$$
$$= a^3 + 3a^2 + 3a + 1 \qquad \text{donc}$$
$$(a+1)^3 - a^3 = 3a^2 + 3a + 1. \qquad \text{Ce qui}$$

signifie que

Différence entre les cubes de deux nombres qui diffèrent d'une unité.

La différence entre les cubes de deux nombres qui diffèrent d'une unité égale trois fois le carré du plus petit, plus trois fois le plus petit, plus un.

On pourrait de ce théorème faire des applications numériques comme au numéro (171).

198 — Si dans la formule ci-dessus nous faisons $b = \frac{1}{2}$, elle devient

$$(a+\tfrac{1}{2})^3 = a^3 + 3a^2 \times \tfrac{1}{2} + 3a \times (\tfrac{1}{2})^2 + (\tfrac{1}{2})^3 \text{ ou}$$
$$(a+\tfrac{1}{2})^3 = a^3 + \tfrac{3}{2}a^2 + \tfrac{3}{4}a + \tfrac{1}{8} \qquad \text{ou}$$
$$(a+\tfrac{1}{2})^3 - a^3 = \tfrac{3}{2}a^2 + \tfrac{3}{4}a + \tfrac{1}{8}. \qquad \text{Donc}$$

La différence entre les cubes de deux nombres qui diffèrent d'une $\frac{1}{2}$ unité égale les $\frac{3}{2}$ du carré du plus petit, plus les $\frac{3}{4}$ du plus petit, plus $\frac{1}{8}$ d'unité.

Théorème dont on fera bien de faire des applications numériques.

EXTRACTION DE LA RACINE CUBIQUE

D'UN NOMBRE ENTIER.

199 — On appelle racine cubique d'un nombre, le nombre qui pris trois fois comme facteurs donne pour produit le nombre proposé : 5 est la racine cubique de 125.

La racine cubique se désigne par $\sqrt[3]{}$.

Ainsi $\sqrt[3]{125} = 5$.

Nous ne chercherons d'abord que la racine du plus grand cube entier contenu dans le nombre proposé. L'excès de ce nombre sur le plus grand cube entier qu'il contient est appelé *reste*.

Nous distinguerons trois cas :

1° Racine cubique d'un nombre moindre que 1000.

2° Racine cubique d'un nombre compris entre 1000 et 1 000 000.

3° Racine cubique d'un nombre quelconque plus grand que 1 000 000.

Le numéro (169) donne la racine cubique des nombres moindres que 1000. La racine cubique de 579, par exemple, est 8 et le reste 67.

Racine cubique du plus grand cube entier contenu dans un nombre compris entre 1000 et 1 000 000.

200 — Soit proposé d'extraire la racine cubique du plus grand cube entier contenu dans 248 931.

Ce nombre étant plus grand que 1000, sa racine est plus grande que 10 ; elle se compose donc de dixaines et d'unités. Le nombre 248931 contient donc au moins 4 parties : le cube des dixaines (de la racine), le triple carré des dixaines multiplié par les unités, le triple des dixaines multiplié par le carré des unités et le cube des unités. Le cube des dixaines donnant des mille, est contenu dans les 248 mille du nombre proposé. Le plus grand cube entier contenu dans 248 est 216 dont la racine est 6, 6 est le chiffre des dixaines de la racine.

En effet, le cube de 6 dixaines ou 60 est 216 000, nombre inférieur au nombre proposé, la racine est donc supérieure à 60. Elle est inférieure à 7 dixaines ou 70 dont le cube est 343 000 nombre supérieur au nombre proposé. La racine est donc comprise entre 60 et 70 et a, par conséquent, 6 pour premier chiffre.

Du nombre proposé, je retranche 216 000 ou le cube des dixaines. Le reste 32 931 contient encore, au moins, le triple carré des dixaines par les unités le triple des dixaines par le carré des unités et le cube des unités [1]. Le triple carré des dixaines par les unités donne un produit de centaines que l'on ne doit chercher que dans les 329 centaines du nombre 32931. 329 contient donc, au moins, le triple carré des dixaines multiplié par les unités [2], donc en le divisant par le triple carré des dixaines, le quotient est le chiffre des unités ou un chiffre trop grand. 329 divisé par 108 triple carré des dixaines donne pour quotient 3 qui est trop grand, puisqu'en faisant le cube de 63 on trouve un nombre plus grand que le nombre proposé. La racine est 62 dont le cube 238328 peut se retrancher du nombre proposé et donne pour reste 10603.

Note. Nous avons, ici, élevé 62 au cube pour savoir si 62 est la racine et pour connaître le reste en retranchant ce cube du nombre proposé. Nous aurions pu former les trois autres parties du cube et en retrancher la somme du reste 32931.

$$
\begin{array}{r|l}
248931 & 62 \\
216000 & \overline{} \\
\hline
32931 & 108 \\
238328 & \\
\hline
10603 &
\end{array}
$$

---

(1) Il est clair qu'il s'agit des dixaines et des unités de la racine.

(2) Il peut, en effet, contenir des centaines provenant des deux autres parties du cube et du reste.

$$a = 60 \qquad\qquad 3a^2b = 21600$$
$$b = 2 \qquad\qquad 3a\,b^2 = 720$$
$$ b^3 = 8$$

$$3a^2b + 3ab^2 + b^3 = 22328$$

La somme des trois autres parties du cube de 62 égale donc 22328 qui retranchée de 32931 donne le reste 10603.

Enfin on eût pu former, à la fois, la somme de ces trois autres parties du cube en remarquant que

$$3a^2b + 3ab^2 + b^3 = [3a^2 + (3a+b)b]b$$

On peut donc à $3a$ ou 180 ajouter b ou 2, multiplier 182 par 2, au produit 364, ajouter $3a^2$ ou 10800 et multiplier la somme 11164 par 2 ce qui donne la somme trouvée plus haut.

Quand on doit continuer l'opération il est préférable d'employer la méthode du cube de la racine que l'on essaie parce qu'alors on a pour la recherche du chiffre suivant le carré de la racine tout calculé et si l'opération est terminée, c'est encore préférable, puisqu'on a besoin du carré de la racine pour estimer l'erreur, c'est-à-dire pour savoir si l'on doit conserver le dernier chiffre de la racine ou le forcer.

Remarque. Si l'on veut la racine du nombre proposé à moins d'une unité, on peut prendre 62 ou 63 ; mais le reste étant supérieur aux $\frac{3}{2}$ du carré de 62, plus les $\frac{3}{4}$ de 62, plus $\frac{1}{8}$ d'unité, on doit, de préférence, prendre 63 comme étant le plus approché (198).

201 — Soit proposé d'extraire la racine cubique du plus grand cube entier contenu dans 248 931 972.

Racine cubique du plus grand cube entier contenu dans un nombre quelconque plus grand que 1 000 000.

Ce nombre étant plus grand que 1000, sa racine cubique est plus grande que 10 ; elle contient donc des dixaines et des unités. Le nombre proposé contient donc, au moins, 4 parties : le cube des dixaines [1], le triple carré des dixaines par les unités, le triple des dixaines multiplié par le carré des unités et le cube des unités. Le cube des dixaines donne des mille que l'on ne doit chercher que dans les 248931 mille. Nous cherchons le plus grand cube entier, contenu dans 248931. Nous avons trouvé (200) que ce plus grand cube a pour racine 62 et que le reste est 10603, c'est-à-dire que si du nombre proposé on retranche le cube de 62 dixaines, le reste est 10 603 972.

62, racine du plus grand cube entier contenu dans 248931 exprime les dixaines de la racine.

En effet, soit a ce nombre de dixaines

$$a^3 < 248931 < (a+1)^3$$

Le terme moyen diffère des termes extrêmes d'au moins une unité.

Je multiplie par 10^3, les membres de ces inégalités et j'ai

$$a^3 \times 10^3 < 248\ 931\ 000 < (a+1)^3 \times 10^3$$

Le terme moyen diffère des termes extrêmes d'au moins 1000 unités, je puis donc l'augmenter de 972, nombre moindre que 1000, sans changer le sens de ces inégalités, et j'ai

$$a^3 \times 10^3 < 248\ 931\ 972 < (a+1)^3 \times 10^3,$$

ou, extrayant la racine cubique,

$$a \times 10 < \sqrt[3]{248\ 931\ 972} < (a+1)10$$

La racine est donc comprise entre a dixaines et $(a+1)$ dixaines ; 62 représente donc bien les dixaines de la racine.

Nous avons déjà dit que le nombre proposé diminué du carré des dixaines, donne pour reste 10 603 972. 10 603 972 contient donc

---

(1) Il est clair qu'il s'agit des dixaines et des unités de la racine.

encore, au moins, le triple carré des dixaines de la racine multiplié par les unités, le triple des dixaines multiplié par le carré des unités et le cube des unités ; le triple carré des dixaines multiplié par les unités donnant un produit de centaines est contenu dans les 106039 centaines du reste. 106039 contient donc, au moins, le triple carré des dixaines multiplié par les unités ; donc en divisant ce nombre par le triple carré des dixaines, on obtient le chiffre des unités de la racine ou un chiffre trop grand. Le triple carré des dixaines est 11532 et 106039 divisé par 11532 donne pour quotient 9 qui est le chiffre de la racine parce que le cube de 629 ou 248 858 189 peut se retrancher du nombre proposé. Le reste est 73 783.

Remarque. Ce reste étant moindre que 395 644, carré de 629 est, à plus forte raison, moindre que les $\frac{3}{2}$ du carré de 629, plus les $\frac{3}{4}$ de 629, plus $\frac{1}{8}$ d'unité ; on doit donc conserver pour racine 629 qui est la racine à moins d'une demi-unité (198).

Dans la pratique on dit :

Je partage ce nombre en tranches de trois chiffres, à partir de la droite. La dernière à gauche est 248. Le plus grand cube entier contenu dans 248 est 216, dont la racine est 6, 6 est le premier chiffre de la racine. De 248 je retranche 216, cube de 6, le reste est 32. A la droite de 32, j'écris la tranche 931, ce qui me donne le nombre 32931. Je sépare deux chiffres sur la droite et je divise 329 par le triple carré de 6 ou par 108 ; le quotient est 3 ; mais le cube de 63 ne pouvant se retrancher de 248931, je diminue 3 d'une unité et je fais le cube de 62 ; ce cube 238 328 peut se retrancher de 248 931 et donne pour reste 10603. 2 étant le second chiffre de la racine, j'écris 2 à la droite du 6. A la droite de

$$
\begin{array}{r|l}
248\ 931\ 972 & 629 \\
216 & \\ \hline
 & 108 \\ \hline
32\ 931 & \\
238\ 328 & 11532 \\ \hline
10\ 603\ 972 & \\
248\ 858\ 189 & \\ \hline
73\ 783 &
\end{array}
$$

10603, j'écris la tranche 972 et j'ai le nombre
10603972 sur la droite duquel je sépare 2
chiffres ; je divise 106039 par le triple carré
de 62 ou 11532 [1], le quotient est 9. Le cube
de 629 ou 248 858 189 pouvant se retrancher
du nombre proposé, 9 est le chiffre des unités
de la racine, je l'écris à la droite de 62. La
racine est 629 et le reste 73783.

Règle.

202 — *Pour extraire la racine cubique
du plus grand cube entier contenu dans un
nombre quelconque, on partage ce nombre
en tranches de trois chiffres, à partir de la
droite, la dernière à gauche pouvant n'avoir
que deux ou même qu'un seul chiffre. On
extrait la racine du plus grand cube entier
contenu dans cette tranche de gauche, le
chiffre obtenu est le premier de la racine.
On retranche ce cube de la tranche de gauche, et à la droite du reste, s'il y en a un,
on écrit la tranche suivante. On sépare deux
chiffres sur la droite du nombre ainsi obtenu et l'on divise la partie de gauche par
le triple carré de la racine. On obtient ainsi
ou le deuxième chiffre de la racine, ou un
chiffre trop grand. On l'écrit à droite du
chiffre obtenu et l'on fait le cube du nombre
ainsi formé ; si ce cube peut se retrancher
du nombre composé des deux premières
tranches de gauche, ce second chiffre trouvé
est celui de la racine ; s'il ne peut se retrancher, on diminue ce second chiffre successivement d'une unité, jusqu'à ce que la soustraction puissse se faire : ce second chiffre
est alors celui de la racine. A la droite du
reste, s'il y en a un, on abaisse la tranche
suivante, on sépare 2 chiffres sur la droite
du nombre ainsi obtenu et l'on divise la
partie de gauche par le triple carré de la*

---

[1] En faisant le cube de 62 nous venons de trouver
3844 pour le carré de 62.

racine obtenue..... On continue ainsi jus-
qu'à ce qu'on ait abaissé toutes les tranches
du nombre proposé.

Du reste dans l'extraction d'une racine cubique.

203 — On doit remarquer que, dans la suite des opérations, le reste ne peut surpasser le triple carré de la racine, plus le triple de la racine obtenue (197).

Enfin le numéro (198) nous fait connaître si nous devons, oui ou non, conserver le dernier chiffre. Dans l'exemple qui nous occupe on doit le conserver.

Note. On pourrait ici comme au numéro (200) employer deux autres méthodes pour former les trois autres parties du cube. On en retrancherait la somme de 10 603 972.

Du nombre de chiffres de la racine.

204 — D'après le procédé que nous venons d'exposer, un nombre a autant de chiffres à sa racine qu'il renferme de tranches de trois chiffres, ce qui est évident, chaque tranche fournissant un chiffre à la racine.

Nous allons en donner une démonstration directe.

Représentons par N le nombre proposé et par n le nombre de ses tranches, nous avons

$$10^{3n-3} < N < 10^{3n}$$ ou, extrayant la racine cubique

$$10^{n-1} < \sqrt[3]{N} < 10^{n}$$

La racine cherchée est donc supérieure à 10^{n-1} qui est le plus petit nombre de n chiffres et inférieure à 10^{n} qui est le plus petit nombre de $(n+1)$ chiffres. Cette racine a donc n chiffres.

CARACTÈRES AUXQUELS ON RECONNAÎT QU'UN NOMBRE N'EST PAS UN CUBE PARFAIT.

205 — Nous avons vu qu'un nombre entier ne peut être un carré s'il est terminé par l'un des chiffres 2, 3, 7, 8. Le caractère analogue n'existe pas pour les cubes, puisque (169) il n'y a pas de chiffre qui ne puisse être le chiffre des unités d'un cube parfait.

Théorème.
Un nombre terminé par un 5 n'est pas un cube parfait, s'il n'est terminé par 25 ou 75.

En effet, si le cube proposé est terminé par un 5, la racine est terminée par un 5, puisque, d'après la formule

$$(a+b)^3 = a^3 + 3a^2b + 3ab^2 + b^3,$$

Si a représente des dixaines et b des unités b^3 est la seule des quatre parties qui renferme des unités et le cube terminé par un 5 est celui de 5.

On a donc

$$(a+5)^3 = a^3 + 3a^2 \times 5 + 3a \times 5^2 + 125$$

a est pair ou impair. Supposons-le d'abord pair : il est de la forme $2n \times 10$.

Les deux premières parties du second membre représentant ou des mille ou des centaines, les deux dernières seules doivent nous occuper.

$$3a \times 5^2 + 125 = 3 \times 2n \times 10 \times 5^2 + 125$$

$3 \times 2n \times 10 \times 5^2$ représente des centaines; donc le chiffre des dixaines et celui des unités proviennent de 125; donc ce nombre est terminé par 25.

Supposons a impair : il est de la forme $(2n+1)10$

$$3a \times 5^2 + 125 = 3(2n+1)10 \times 5^2 + 125$$
$$= 3.2n \times 10 \times 5^2 + 3.10.5^2 + 125$$

$3.2n.10.5^2$ est un nombre de centaines; donc le chiffre des dixaines et celui des unités proviennent de $3.10.5^2 + 125$ ou de $750 + 125$.

Le nombre proposé est donc un nombre de centaines $+875$, nombre terminé par 75.

Théorème.
Un nombre divisible par un facteur premier α et qui n'est pas divisible par α^3 n'est pas un cube parfait.

Corollaires:

206 — En effet, d'après le raisonnement du numéro (182) la racine est αn et, par conséquent, le cube $\alpha^3 n^3$ est divisible par α^3.

1° Un nombre pair n'est pas un cube parfait s'il n'est pas divisible par 8.

2° Un nombre terminé par un zéro n'est pas

un cube parfait s'il n'est terminé par trois zéros (*ou par un nombre de zéros multiple de* 3).

En effet, ce nombre terminé par un zéro, est divisible par 2 et par 5 et, s'il est un cube, il l'est par 2^3 et 5^3, ou par 1000 ; il est donc terminé par trois zéros.

Si ce nombre a plus de trois zéros, nous le divisons par 1000 et, sur le quotient nous répétons le raisonnement qui précède et ainsi de suite.

3° Un nombre décimal qui n'a pas un nombre de chiffres décimaux multiple de 3, ne peut être un cube parfait.

Le raisonnement qui précède nous montre que la racine est de la forme $\dfrac{N}{10^n}$ et par suite le cube est $\dfrac{N^3}{10^{3n}}$

Enfin il serait facile d'en déduire la règle du numéro (205).

Si un nombre entier n'a pas une racine cubique entière exacte, il n'a pas non plus de racine fractionnaire exacte,

207 — Il suffit, dans le numéro (183) de remplacer le carré par le cube.

DE L'ERREUR ABSOLUE ET DE L'ERREUR RELATIVE D'UNE RACINE CUBIQUE.

Théorème :

L'erreur absolue d'une racine cubique est moindre que le reste divisé par le triple carré de la racine non forcée.

208 — Il y a deux cas à examiner : Ou l'on a conservé le dernier chiffre de la racine ou on l'a forcé,

1° Si on l'a conservé, la règle est évidente.

En effet,

Soit a la partie trouvée de la racine, r, le reste et α la fraction qu'il faudrait ajouter à a pour que $(a+\alpha)^3$ égalât le nombre proposé, fraction qui, comme nous le savons (207), n'existe pas exactement si le nombre proposé est entier ;

On a

$$a^3 + r = N \qquad \text{et}$$

$$(a+\alpha)^3 = N = a^3 + 3a^2\alpha + 3a\alpha^2 + \alpha^3 \quad \text{et,}$$

par suite,

$$3a^2\alpha + 3a\alpha^2 + \alpha^3 = r$$

Si nous remarquons que, dans cette première hypothèse, α et r sont positifs, il en résulte que

$$3a^2\alpha < r \text{ et enfin } \alpha < \frac{r}{3a^2}$$

2° Nous supposons maintenant que l'on ait forcé le dernier chiffre de la racine : Soit a' cette racine forcée. Dans ce cas α et r' sont négatifs et l'on a

$$a'^3 - r' = N$$

$$(a'-\alpha)^3 = N = a'^3 - 3a'^2\alpha + 3a'\alpha^2 - \alpha^3 ; \text{ donc}$$

$$a'^3 - 3a'^2\alpha + 3a'\alpha^2 - \alpha^3 = a'^3 - r', \qquad \text{ou}$$

$$3a'^2\alpha - 3a'\alpha^2 + \alpha^3 = r', \qquad \text{ou}$$

$$3a'^2\alpha - 3a'\alpha^2 < r', \qquad \text{ou bien}$$

$$3\alpha a'(a' - \alpha) < r' \qquad \text{or, } \alpha \text{ étant}$$

moindre que $\frac{1}{2}$, on a, à plus forte raison

$$3_\alpha a'(a' - 1) < r' \text{ et à plus forte raison}$$

$$3_\alpha(a' - 1)\,(a' - 1) < r',$$

Puisqu'on a forcé le dernier chiffre de la racine r est supérieur à r'.

On a donc finalement

$$\alpha < \frac{r}{3(a'-1)^2} \qquad ^{(1)}$$

a' étant la racine forcée, $a'-1$ est a ou la racine non forcée. Donc α, l'erreur absolue est, comme nous l'avons annoncé, moindre que r, le reste de l'opération, divisé par le triple carré de la racine non forcée.

Cette formule devient d'une grande simplicité, dans la pratique, comme nous allons le voir par des exemples :

Utilité et simplicité de cette formule, dans la pratique.

---

(1) On peut conserver r'.

1° Soit 89 la racine cubique d'un nombre et le reste, 723

$$\alpha < \frac{723}{3.89^2}$$ ou *à fortiori* moindre que $\frac{800}{3.80^2}$ ou moindre que $\frac{800}{3.6400}$. Donc $\alpha < \frac{1}{3.8}$ ou

$$\alpha < \frac{1}{24}.$$

2° Nous avons vu que $r'=a'^3-N$.

Soit 89 la racine cubique d'un nombre et le reste 20579.

Ce reste étant supérieur aux $\frac{3}{2}$ du carré de la racine, plus les $\frac{3}{4}$ de la racine, plus $\frac{1}{8}$ d'unité, nous prenons 90 pour racine et r' est 3452.

L'erreur absolue est donc moindre que $\frac{3600}{3.89^2}$ ou moindre que $\frac{3600}{3.80^2}$

$$\frac{3600}{3.80^2}=\frac{36}{3.64}=\frac{3}{16} < \frac{3}{15}.$$

L'erreur est donc moindre que $\frac{1}{5}$.

Ce sont là d'excellents exercices de calculs *à fortiori*, auxquels d'ailleurs on s'habitue très-vite.

Remarque. Il est rare que l'on n'aperçoive pas immédiatement si le reste permet ou non de forcer le dernier chiffre de la racine.

Dans l'exemple ci-dessus, il est clair que le carré de 89, serait-il 8000, $\frac{3a^2}{2}+\frac{3a}{4}+\frac{1}{8}$ n'atteindrait pas 13000.

Dans le premier cas, l'erreur relative est

$$
\begin{array}{r}
89 \\
89 \\
\hline
801 \\
712 \\
\hline
7921
\end{array}
$$

$$\frac{3}{2}\ a^2=11881,5$$
$$\frac{3}{4}\ a=\ \ \ \ 66,75$$
$$\frac{1}{8}\ =\ \ \ \ \ \ 0,125$$

$$
\begin{array}{r}
\hline
11948,375
\end{array}
$$

$$3a^2=23763$$
$$3a\ =\ \ \ 267$$
$$1\ =\ \ \ \ \ \ 1$$

$$
\begin{array}{r}
\hline
24031 \\
20579 \\
\hline
r'=\ \ 3452
\end{array}
$$

moindre que $\dfrac{\dfrac{1}{24}}{89}$ ou moindre que $\dfrac{1}{24\times80}$ ou

moindre que $\dfrac{1}{1920}$ ou moindre que $\dfrac{1}{1900}$.

Dans le second cas, elle est moindre que $\dfrac{\dfrac{1}{5}}{89}$, moindre que $\dfrac{1}{5\times80}$ ou moindre que $\dfrac{1}{400}$.

RACINE CUBIQUE D'UN NOMBRE DÉCOMPOSÉ EN SES FACTEURS PREMIERS.

209 — Soit N un nombre dont les facteurs 1ers sont a, b, c, par exemple, le facteur a étant pris n fois, le facteur b, n' fois et le facteur c, n'' fois (46) [1]

$$N=a^{n}b^{n'}c^{n''}. \qquad \text{Son cube est}$$

$$N^{3}=a^{3n}b^{3n'}c^{3n''} \quad (42)$$

Ce qui nous apprend qu'un cube a pour exposants des multiples de 3 et que, réciproquement, si les exposants des facteurs d'un nombre sont des multiples de 3, ce nombre est un cube parfait.

On peut donc, dans certains cas, écrire immédiatement la racine d'un nombre décomposé en ses facteurs premiers : Si les exposants sont des multiples de 3, il suffit, d'après ce que nous venons de dire, de faire le produit des facteurs de ce nombre, chaque facteur ayant pour exposant le 1/3 de celui qu'il a dans le cube proposé.

$$216\ 000=2^{6}\times3^{3}\times5^{3}$$

$$\sqrt[3]{216000}=2^{2}\times3\times5=60$$

---

(1) n, n', n'' sont des nombres entiers.

2I0 — Si les facteurs n'avaient pas tous des exposants multiples de 3, on pourrait, pour racine cubique, prendre le produit des facteurs affectés chacun d'un exposant égal au 1/3 de l'exposant primitif par la racine cubique du produit des autres facteurs.

$$\textit{Exemple. } \sqrt[3]{540} = \sqrt[3]{3^3 \times 20} = 3\sqrt[3]{20}$$

Théorème.

Un cube qui a un nombre impair de diviseurs est en même temps un carré.

2I1 — Nous avons vu (103) que si N, N', N'' sont les exposants des facteurs premiers d'un nombre décomposé en ses facteurs premiers le nombre des diviseurs de ce nombre est

$$(N+1)(N'+1)(N''+1)$$

Si ce produit est impair, chacun de ses facteurs $N+1$, $N'+1$, $N''+1$, est impair, par suite N, N', N'' sont des nombres pairs. Par hypothèse le nombre proposé est un cube, chacun des exposants de ses facteurs est donc multiple de 3. Chaque exposant étant pair et multiple de 3 est de la forme $3.2n, 3.2n', 3.2n''$. Ce nombre est donc, à la fois, cube et carré.

Réciproquement tout nombre qui est à la fois cube et carré a un nombre impair de diviseurs.

Tout nombre qui est à la fois cube et carré, aura pour chacun de ses facteurs 1ers des exposants de la forme 3. $2n$, c'est-à-dire des exposants pairs qui augmentés chacun de l'unité donneront des nombres impairs dont le produit sera impair.

Remarque. On aurait pu dire :

Toute puissance impaire qui a un nombre impair de diviseurs est en même temps un carré.

EXTRACTION D'UNE RACINE CUBIQUE AVEC UNE APPROXIMATION DONNÉE.

Extraire une racine cubique à moins de $\frac{m}{n}$ près.

2I2 — Soit proposé d'extraire la racine cubique d'un nombre N à moins d'une fraction donnée $\frac{m}{n}$.

Soient x et $x+1$ les deux nombres de $\dfrac{m}{n}$

qui comprennent $\sqrt[3]{N}$, de sorte que l'on a

$$\dfrac{m}{n}\, x < \sqrt[3]{N} < \dfrac{m}{n}\, (x+1);\ \text{élevant}$$

au cube,

$$\dfrac{m^3}{n^3}\, x^3 < N < \dfrac{m^3}{n^3}\, (x+1)^3;\ \text{multi-}$$

tipliant par $\dfrac{n^3}{m^3}$,

$$x^3 < N\, \dfrac{n^3}{m^3} < (x+1)^3,\ \text{extrayant la}$$

racine cubique,

$$x < \sqrt[3]{N\, \dfrac{n^3}{m^3}} < x+1$$

De là cette règle :

Pour extraire la racine cubique d'un nombre à moins d'une fraction $\dfrac{m}{n}$, on le multiplie par le cube de $\dfrac{n}{m}$, le cube de l'expression d'approximation renversée et du produit on extrait la racine cubique à moins d'une unité. On a ainsi x et $x+1$.

Le reste indique lequel des deux on doit choisir.

Application

Soit proposé d'extraire la racine cubique de 139 à moins de $\dfrac{5}{7}$ près.

(On fera bien de répéter le raisonnement ci-dessus).

On trouve

$$x < \sqrt[3]{139\,\frac{7^3}{5^3}} < x+1, \qquad \text{ou}$$

$$x < \sqrt[3]{139\,\frac{343}{125}} < x+1, \qquad \text{ou}$$

$$x < \sqrt[3]{\frac{47677}{125}} < x+1, \quad \text{c'est-à-}$$

dire

$$x < \sqrt[3]{381\,\frac{52}{125}} < x+1$$

La racine cubique de $381\,\frac{52}{125}$ est comprise entre 7 et 8; x est donc 7 et $x+1$ égale 8. Nous prenons x. c'est-à-dire 7, parce que le reste $38\,\frac{52}{125}$ est moindre que les $\frac{3}{2}$ de 49, plus les $\frac{3}{4}$ de 7, plus $\frac{1}{8}$ d'unité.

On a donc $7 \times \frac{5}{7}$ ou 5 pour racine cubique de 139 à moins de $\frac{5}{7}$ d'unité.

Corollaire.   **213** — Si dans la fraction d'approximation $\frac{m}{n}$, je fais $m = 1$, j'en conclus la règle pour obtenir la racine cubique d'un nombre à moins de $\frac{1}{n}$ près.

Règle.   *Pour obtenir la racine cubique d'un nombre à moins de $\frac{1}{n}$ près, on multiplie ce nombre par n^3 et du produit on extrait la racine à moins d'une unité.*

On prend x ou $x+1$ selon le reste trouvé dans l'extraction de la racine.

CUBE ET RACINE CUBIQUE DES FRACTIONS.

Cube d'une fraction. **214** — Le cube d'une fraction est le résultat obtenu en multipliant cette fraction deux fois par elle-même, ou cette fraction prise trois fois comme facteur : $\dfrac{a^3}{b^3}$, $\dfrac{8}{27}$ sont les cubes de $\dfrac{a}{b}$, $\dfrac{2}{3}$.

De là cette conséquence :

Racine cubique d'une fraction. La racine cubique d'une fraction égale la racine cubique du numérateur, divisée par la racine cubique du dénominateur.

On suit cette règle lorsque le dénominateur de la fraction est un cube parfait, l'approximation étant alors très-facile à obtenir aussi grande qu'on le veut.

$$\text{Ainsi}\quad \sqrt[3]{\frac{125}{512}} = \frac{\sqrt[3]{125}}{\sqrt[3]{512}} = \frac{5}{8}$$

Si l'on avait $\sqrt[3]{\dfrac{83}{125}}$, le dénominateur étant le cube de 5, la racine cherchée a 5 exactement pour dénominateur ; quant au numérateur, il est clair qu'on poussera l'approximamation aussi loin qu'on le voudra et que, finalement, l'approximation sera le $\dfrac{1}{5}$ de l'erreur du numérateur.

On trouve à moins d'$\dfrac{1}{2} . \dfrac{1}{100} . \dfrac{1}{5}$ ou d'$\dfrac{1}{1000}$, 0,87.

Mais si le dénominateur n'est pas un cube parfait, on multiplie les deux termes de la fraction par un nombre tel que le dénominateur résultant soit un cube parfait.

Ainsi

$$\sqrt[3]{\frac{5}{13}} = \sqrt[3]{\frac{5 \times 13^2}{13^3}} = \frac{\sqrt[3]{5 \times 169}}{13} = \frac{\sqrt[3]{845}}{13}$$

On prendra $\frac{9}{13}$ à moins d'$\frac{1}{13}$.

$$\sqrt[3]{\frac{79}{108}} = \sqrt[3]{\frac{79}{3^3 \times 2^2}} = \sqrt[3]{\frac{79 \times 2}{2^3 \times 3^3}} = \frac{\sqrt[3]{158}}{2 \times 3}$$

On prendra $\frac{5}{6}$ pour racine, si cette approximation est jugée suffisante.

De là cette règle :

215 — *On multiplie les deux termes de la fraction dont on veut extraire la racine cubique par le produit des facteurs premiers du dénominateur qui rendent ce nombre un cube parfait.*

Pour extraire la racine cubique d'une fraction avec une approximation donnée, on suit la règle établie plus haut (212, 213); mais s'il s'agissait d'une approximation décimale, on tiendrait compte du théorème suivant :

Théorème.

Si un cube contient $(n+1)$ chiffres exacts, on en obtiendra n d'exacts à la racine

216 — Prenons un exemple :
Soit proposé d'extraire la racine cubique de $\frac{89}{17}$ à moins d'$\frac{1}{1000}$.

La règle (213) nous dit de multiplier le nombre proposé par 1000^3, ce qui nous donne $\frac{89\ 000\ 000\ 000}{17}$ dont il faut extraire la racine à moins d'une unité.

D'après cette règle nous chercherions neuf chiffres décimaux tandis que quatre suffisent.

En effet, nous avons, en prenant quatre chiffres 5,2352, mais comme le reste est 16, nous prenons 5,2353, nombre approché (et au delà) à moins d'$\frac{1}{2}$ unité du dernier ordre décimal. L'erreur relative de ce nombre 5,2353 est moindre que $\dfrac{1}{2} \cdot \dfrac{1}{5} \cdot \dfrac{1}{10^4}$ (149) ou moindre que $\dfrac{1}{10^5}$. L'erreur relative de la racine ne sera donc que le $\dfrac{1}{3}$ de celle-ci, ou moindre que $\dfrac{1}{3} \cdot \dfrac{1}{10^5}$. Par conséquent (149), puisque le premier chiffre de la racine est un 1, on aurait six chiffres exacts à la racine, c'est-à-dire la racine avec cinq chiffres décimaux exacts.

D'une manière générale :

Le cube donné ayant $(n+1)$ chiffres exacts, son erreur relative est moindre que $\dfrac{1}{10^n}$ (130).

L'erreur relative de la racine cubique est donc moindre que $\dfrac{1}{3} \cdot \dfrac{1}{10^n}$ (144). Cette racine a donc n chiffres exacts (140).

On peut conclure ce théorème général :

217 — *On peut obtenir une racine d'un ordre quelconque avec* n *chiffres exacts, si le nombre proposé en contient* n+1 *d'exacts.*

MÉTHODE ABRÉGÉE D'EXTRACTION DE LA RACINE CUBIQUE.

Quand on a obtenu, par la méthode ordinaire, plus de la 1/2 plus un des chiffres de la racine cubique, si l'on divise le nombre proposé diminué du cube de la partie trouvée par le triple carré de cette partie obtenue, on trouve pour quotient, à moins d'une unité, le nombre formé des autres chiffres de la racine.

218 — Soit proposé d'extraire, à moins d'une unité, la racine cubique de 35 476 832 948 512 821.

Cette racine ayant six chiffres, j'en cherche quatre par la méthode ordinaire. J'appelle a ce nombre de centaines et b la partie cherchée de la racine. Soit N le nombre proposé.

$$N = (a+b)^3 = a^3 + 3a^2b + 3ab^2 + b^3$$

$$\frac{N-a^3}{3a^2} = b + \frac{b^2}{a} + \frac{b^3}{3a^2}.$$

On a aussi en appelant q le quotient et r le reste.

$$\frac{N-a^3}{3a^2} = q + \frac{r}{3a^2} \quad \text{et, par suite,}$$

$$q + \frac{r}{3a^2} = b + \frac{b^2}{a} + \frac{b^3}{3a^2}, \qquad \text{et}$$

$$q = b + \frac{b^2}{a} + \frac{b^3}{3a^2} - \frac{r}{3a^2}.$$

Nous allons démontrer que $\dfrac{b^2}{a} + \dfrac{b^3}{3a^2} - \dfrac{r}{3a^2}$ est moindre qu'une unité et que, par conséquent, $q = b$ à moins d'une unité.

En effet, si b a n chiffres, d'après notre hypothèse a en a, au moins, $2n+2$. b^2 a, au plus, $2n$ chiffres ; donc $\dfrac{b^2}{a}$ est moindre que $\dfrac{10^{a'}}{10^{a'+1}}$ ou moindre que $\dfrac{1}{10}$.

b^3 a, au plus, $3n$ chiffres, tandis que a^2 en a, au moins $(2n+2)2-1$ (49) ce qui donne un nombre de chiffres au moins égal à $4n+3$; donc a^2 a, au moins $n+3$ chiffres de plus que b^3 ; donc $\dfrac{b^3}{a^2}$ est moindre que $\dfrac{1}{100}$, et, à plus forte raison, $\dfrac{b^3}{3a^2}$.

Si $\dfrac{b}{a} + \dfrac{b^3}{3a^2}$ est moindre que 1, comme d'ailleurs $\dfrac{r}{3a^2}$ est aussi moindre que 1, il en résulte que q égale b à moins d'une unité.

Selon que q, le quotient de $\dfrac{N-a^3}{3a^2}$ est la partie cherchée de la racine, par défaut ou par excès, on a

$$N \gtrless (a+q)^3,$$

$$N \gtrless a^3 + 3a^2 q + 3aq^2 + q^3$$

$$\frac{N-a^3}{3a^2} \gtrless q + \frac{q^2}{a} + \frac{q^3}{3a^2} \quad \text{et, par suite,}$$

$$q + \frac{r}{3a^2} \gtrless q + \frac{q^2}{a} + \frac{q^3}{3a^2}, \qquad \text{ou,}$$

$$\frac{r}{3a^2} \gtrless \frac{3aq^2 + q^3}{3a^2}, \quad \text{ou, simplement,}$$

$$r \gtrless 3aq^2 + q^3$$

Si r est supérieur à $3aq^2 + q^3$, la racine est par défaut; elle est par excès si r est moindre que $3aq^2 + q^3$. Enfin il est clair que si r égale $3aq^2 + q^3$, la racine est exacte.

Appliquons ces conséquences à la question posée :

<pre>
35 476 832 948 512 821 | 3285
27 |
________________________|________________________
                        | 27   32²=1024
 8 476 | 3072   328²=107 584
32 768 | 322 752 3285²= 10 791 225
________________________| 32 373 675
 2 708 832 |
35 287 552 |
________________________|
   189 280 948 |
35 449 174 125 |
________________________| 323 736 750 000
    27 658 823 512 824 |________________________
     1 759 883 51 | 85
       141 199 76 |
</pre>

$$r = 141\ 199\ 762\ 821$$
$$3aq^2 + q^3 = 7\ 120\ 851\ 625$$

$$q = 85$$
$$q^2 = 7\ 225$$
$$q^3 = 614\ 125$$
$$a = 328\ 500$$

Nous avons cherché quatre chiffres par la méthode ordinaire; nous avons trouvé $a =$ 3285 centaines ou 328 500.

Ayant retranché du nombre proposé le cube de 328 500, nous avons, pour $N - a^3$, 27 658 823 512 821 que nous avons divisé par $3a^2$ ou par 323 736 750 000, ou, plus simplement, nous avons divisé, 2 765 882 351 par 32 373 675 et avons trouvé 85 pour quotient. Le reste est 141 199 762 821.

Nous voyons que r ou 141 199 762 821 est supérieur à $3aq^2 + q^3$ ou à 7 120 851 625; il s'ensuit que 328 585 est la racine par défaut.

RAPPORTS

DES GRANDEURS CONCRÈTES.

Définition du rapport.

219 — Nous ne considérons que le rapport par quotient et nous définissons le rapport de deux grandeurs de même espèce le quotient de la première par la seconde.

Le rapport de 12 à 3 est 4 ; celui de 17 à 4, 4 1/4 ; celui de 3 à 5, 3/5.

Ou bien le rapport de deux grandeurs de même espèce est la mesure de la première, la seconde étant prise pour unité.

4 est la mesure de 12, 3 étant l'unité ; 4 1/4 est la mesure de 17, 4 étant l'unité.

Le rapport de 3 à 5 est 3/5, c'est-à-dire que 3/5 est la mesure de 3, 5 étant l'unité.

$\frac{3}{12}$ ou $\frac{1}{4}$, $\frac{4}{17}$, $\frac{5}{3}$ sont les rapports inverses de $\frac{12}{3}$, $\frac{17}{4}$, $\frac{3}{5}$.

Théorème.

220 — Deux grandeurs qui ont une com-

Deux grandeurs qui ont une commune mesure sont dans un rapport commensurable.

...mune mesure sont dans un rapport simple, le rapport de deux nombres entiers ; on dit ce rapport commensurable.

Soit $A = 27\,m$ et $B = 13\,m$, m étant la commune mesure. On a

$$\frac{A}{B} = \frac{27m}{13m} \quad \text{ou} \quad \frac{A}{B} = \frac{27}{13}$$

Réciproquement, si deux grandeurs sont dans un rapport commensurable, elles ont une commune mesure.

Réciproquement, si deux grandeurs de même espèce forment un rapport commensurable, ces grandeurs ont une commune mesure.

Ainsi si l'on a

$$\frac{A}{B} = \frac{27}{13},$$

Il est évident que l'on a

$$\frac{A}{B} = \frac{27n}{13n}.$$

Ce qui donne $A = 27n$ et $B = 13n$; ce qui signifie que le 27e de A est le 13e de B. La commune mesure est le 27e de A ou le 13e de B.

A et B pourraient ne contenir qu'un nombre fractionnaire ou une fraction de la commune mesure, le rapport n'en serait pas moins un rapport simple, celui de deux nombre entiers.

Ainsi si $A = \frac{7}{12}m$, $B = \frac{29}{36}m$. On a

$$\frac{A}{B} = \frac{\frac{7}{12}m}{\frac{29}{36}m} = \frac{\frac{21}{36}m}{\frac{29}{36}m} = \frac{21}{29}$$

Théorème.

Le rapport de deux quantités quelconques peut toujours être considéré comme commensurable.

221 — Nous allons démontrer que le rapport de deux quantités quelconques peut toujours être considéré comme commensurable, l'erreur pouvant être aussi petite qu'on le voudra.

Soient A et B deux grandeurs, deux lignes, par exemple, que nous supposons incommensurables. Je divise B en un très-grand nombre de parties, en un million, par exemple : Je porte l'une des parties de B sur A autant de fois que cela peut se faire. Soit A' le plus grand nombre de fois que A contient ce millionième de B. Si je portais cette partie de B une fois de plus sur A, j'aurais A'' qui dépasse A (A'' *n'est autre chose que* $A'+1$) de sorte que

$$A' < A < A''$$

A' et A'' ne diffèrent que d'un millionième de B. Donc en prenant pour A soit A' soit A'', je commets une erreur qui est moindre qu'un millionième de B. Divisant par B, j'ai

$$\frac{A'}{B} < \frac{A}{B} < \frac{A''}{B}$$

Je puis donc prendre pour $\frac{A}{B}$, soit $\frac{A'}{B}$, soit $\frac{A''}{B}$, suivant le cas, le premier par défaut ; le second par excès. L'approximation, comme on le voit, peut être poussée aussi loin qu'on le veut.

<table>
<tr><td>

Théorème.

Etant donnés des rapports égaux, la somme des numérateurs divisée par la somme des dénominateurs forme un rapport égal à chacun des rapports proposés.

</td><td>

222 — Soient, par exemple,

$$\frac{2}{3} = \frac{4}{6} = \frac{6}{9} = \frac{14}{21},$$

$\frac{2+4+6+14}{3+6+9+21} = \frac{2}{3}$. En effet, 2 étant les $\frac{2}{3}$ de 3 ; 4, les $\frac{2}{3}$ de 6 ; 6, les $\frac{2}{3}$ de 9 ; 14, les $\frac{2}{3}$ de 21, le numérateur $2+4+6+14$ est les $\frac{2}{3}$ du dénominateur $3+6+9+21$ et, par conséquent,

</td></tr>
</table>

$$\frac{2+4+6+14}{3+6+9+21}=\frac{2}{3}$$ ou, plus généralement

soient

$$\frac{a}{b}=\frac{c}{d}=\frac{e}{f}=\frac{g}{h}.$$

$$a=\frac{a}{b}\times b,$$

$$c=\frac{c}{d}\times d=\frac{a}{b}\times d$$

$$e=\frac{e}{f}\times f=\frac{a}{b}\times f$$

$$g=\frac{g}{h}h=\frac{a}{b}\times h,$$

Faisant la somme de ces égalités, membre à membre, on a

$$a+c+e+g=\frac{a}{b}\,(b+d+f+h)$$ ou, divisant par la parenthèse,

$$\frac{a+c+e+g}{b+d+f+h}=\frac{a}{b}$$

Le lecteur fera bien de démontrer ce théorème général :

Théorème.   *Étant donnés des rapports quelconques, la somme des numérateurs divisée par la somme des dénominateurs forme un rapport compris entre le plus petit et le plus grand des rapports proposés.*

Supposant que ces rapports deviennent égaux on en conclut le théorème qui précède.

223 — Deux rapports égaux séparés par le signe d'égalité, forment ce qu'on appelle une proportion.

$$\frac{2}{3}=\frac{14}{21},$$

$$\frac{a}{b}=\frac{c}{d}$$

sont des proportions.

Si l'on multiplie les deux membres de la première par 3×21 et les deux membres de la seconde par $b \times d$, on a les deux égalités

$$2 \times 21 = 14 \times 3,$$

$$ad = bc$$

224 — Ce qui s'énonce : *Dans toute proportion le produit des extrêmes est égal à celui des moyens.*

Des quatre termes qui forment une proportion, le premier et le dernier sont les termes extrêmes ou *les extrêmes* et les deux autres, les termes moyens ou *les moyens*.

Une proportion étant caractérisée par ces deux produits égaux, peut s'écrire de huit manières.

Réciproquement, si quatre nombres sont tels que le produit de deux d'entre eux égale le produit des deux autres, ces quatre termes peuvent former une proportion qui, comme nous l'avons dit plus haut, peut s'écrire de huit manières différentes ; car, si l'on a, par exemple, $ad = bc$, divisant les deux membres par bd ou par cd, on obtient

$$\frac{a}{b} = \frac{c}{d} \ \text{ou} \ \frac{a}{c} = \frac{b}{d}$$

ce qui fait deux proportions commençant par a et il y quatre termes.

Si trois termes d'une proportion sont connus il est clair que le quatrième s'écrit immédiatement.

225 — Si des quantités x, y, z, t..... sont proportionnelles à a, b, c, d..... on peut écrire

$$\frac{x}{a} = \frac{y}{b} = \frac{z}{c} = \frac{t}{d} \ldots,$$

c'est-à-dire que deux quelconques de ces rapports forment une proportion. Réciproquement, si l'on a ces rapports égaux, les numérateurs, par exemple, sont proportionnels aux dénominateurs.

Si l'on a

$$\frac{a}{b}=\frac{c}{d}=\frac{e}{f}=\ldots$$

On peut écrire, par exemple,

$$\frac{a-c-e\ldots}{b-d-f\ldots}=\frac{a}{b}$$

parce que, $\frac{c}{d}$, $\frac{e}{f}$....., pouvant s'écrire $\frac{-c}{-d}$, $\frac{-e}{-f}$.....[1], on n'a plus qu'à appliquer le numéro (222).

Donnons encore une conséquence de ce même théorème :

Théorème.

Dans toute proportion, la somme des numérateurs divisée par leur différence et la somme des dénominateurs divisée par leur différence forment deux rapports égaux.

226 — En effet, soit la proportion

$$\frac{a}{b}=\frac{c}{d}.$$

Le théorème (222) nous donne

$$\frac{a+c}{b+d}=\frac{a}{b};$$

mais d'après ce qui précède, il nous donne aussi

$$\frac{a-c}{b-d}=\frac{a}{b} \qquad \text{et, par suite,}$$

$$\frac{a+c}{b+d}=\frac{a-c}{b-d}, \qquad \text{et enfin}$$

$$\frac{a+c}{a-c}=\frac{b+d}{b-d}$$

Applications.

227 — La théorie des rapports a de nombreuses applications. Nous en donnerons quel-

___

[1] En multipliant par — 1 les deux termes de chaque fraction.

ques exemples que nous traiterons aussi par la réduction à l'unité.

PROBLÈME I. 3 élèves ont écrit 180 lignes ; combien 12 élèves en eussent-ils écrit dans le même temps et avec la même vitesse ?

Méthode des rapports.

Si le nombre des élèves est double, triple…, le nombre des lignes écrites est double, triple… : le nombre donné de lignes doit donc être multiplié par la mesure du nouveau nombre d'élèves, l'ancien nombre 3 étant l'unité : Ce nombre cherché de lignes est donc

$$180^{l} \times \frac{12}{3} \text{ ou } 180^{l} \times 4 \text{ ou } 720 \text{ lig.}$$

Dans cet exemple on dit encore : le nombre de lignes est dans le même rapport que le nombre d'élèves, ou bien varie directement comme le nombre d'élèves ; c'est-à-dire que les nombres de lignes et les nombres d'élèves forment des rapports égaux. Nous avons trouvé, en effet,

$$x = 180^{l} \times \frac{12}{3} ,$$

Ce qu'on peut écrire

$$\frac{x}{180} = \frac{12}{3} ;$$

mais l'égalité de ces deux rapports forme une proportion, aussi dit-on encore : le nombre de lignes varie proportionnellement au nombre d'élèves.

Méthode de réduction à l'unité.

228. — Si 3 élèves ont écrit 180 lignes, 1 seul élève eût écrit le 1/3 de ce qu'ont écrit 3 élèves ou $\frac{180^{l}}{3}$ et 12 élèves eussent écrit 12 fois ce qu'eût écrit 1 élève, ou $\dfrac{180^l}{3} \times 12$ ou 720 lignes.

PROBLÈME II. 3 élèves ont écrit 7200 lignes en 15 jours et en travaillant 9 heures par jour, combien de jours emploieraient 12 élèves pour faire 12800 lignes en n'écrivant que 6 heures par jour (toutes conditions égales d'ailleurs)?

Méthode des rapports.

Ce problème se décompose en trois autres semblables à celui que nous venons d'examiner.

PREMIÈRE QUESTION.

3 élèves ont employé 15 jours à faire un certain travail, combien de jours mettraient 12 élèves pour faire le même travail ?

Si le nombre des élèves est double, triple..., le nombre de jours à employer sera la 1/2, le 1/3..., du nombre donné de jours. Le rapport [1] est donc inverse et l'on a (219)

$$15^j \times \frac{3}{12};$$

SECONDE QUESTION.

Un certain nombre d'élèves ont employé $15^j \times \dfrac{3}{12}$ pour écrire 7200 lignes; combien de jours eussent-ils employé pour faire 12800 lignes ?

Le nombre de jours et le nombre de lignes varient dans le même sens ; c'est donc (219, 227)

$$15^j \times \frac{3}{12} \times \frac{12\,800}{7200}.$$

---

(1) Sous-entendu par lequel on doit multiplier.

TROISIÈME QUESTION.

Un certain nombre d'élèves ont employé $15^j \times \frac{3}{12} \times \frac{12800}{7200}$ pour faire un certain travail en écrivant 9 heures par jours; combien de jours eussent-ils employé s'ils n'avaient écrit que 6 heures par jour?

Le nombre de jours de travail et le nombre d'heures de travail par jour variant inversement, ce nombre de jours est

$$15^j \times \frac{3}{12} \times \frac{12800}{7200} \times \frac{9}{6}, \qquad \text{ou}$$

$$15^j \times \frac{1}{4} \times \frac{16}{9} \times \frac{9}{6} \text{ ou } \frac{60}{6} \text{ ou } 10 \text{ jours.}$$

Nous déduisons de là cette règle générale :

229 — *L'inconnue s'obtient en multipliant le nombre qui est de même nature que l'inconnue par les rapports directs ou inverses des quantités de même espèce deux à deux : par les rapports directs si ces quantités et l'inconnue varient directement et par les rapports inverses si ces quantités et l'inconnue varient dans un rapport inverse.*

Dans la pratique, pour résoudre le problème précédent, on dit simplement :

Les jours et le nombre d'élèves varient inversement : je multiplie 15 jours par le rapport inverse $\frac{3}{12}$, ce qui me donne $15^j \times \frac{3}{12}$;

Les jours et les nombres de lignes variant dans le même sens, je multiplie par le rapport direct $\frac{12800}{7200}$, ce qui me donne,

$$15^j \times \frac{3}{12} \times \frac{12800}{7200};$$

Enfin, les jours et les nombres d'heures de

11

travail par jour, varient inversement ; je multiplie par le rapport inverse $\frac{9}{6}$, ce qui donne

$$x = 15^j \times \frac{3}{12} \times \frac{12800}{7200} \times \frac{9}{6}, \qquad \text{ou}$$

$$x = 10 \text{ jours.}$$

$$
\begin{array}{cccc}
3^e & 7200^l & 15^j & 9^h \\
12 & 12800 & x & 6
\end{array}
$$

Remarque importante. Si l'on écrit le problème, comme nous le voyons en marge, les quantités toutes connues dans une première ligne ; dans la seconde, les autres quantités, de manière à faire correspondre les nombres de même espèce, qui, deux à deux, forment les rapports, on reconnaît facilement que *les termes de comparaison, ou les unités des différents rapports, ou, par définition, *les dénominateurs des rapports directs sont dans la ligne des quantités toutes connues.*

Méthode de réduction à l'unité

Pour traiter ce problème par la réduction à l'unité, on le décomposerait aussi en trois questions distinctes et l'on traiterait chacune d'elles comme plus haut (228), ou bien on fera le tableau suivant de réduction à l'unité :

$$3^e \;-\; 7200^l \;-\; 9^h \;-\; 15^j$$

$$1 \;-\; 7200 \;-\; 9 \;-\; 15^j \times 3$$

$$1 \;-\; 1 \;-\; 9 \;-\; \frac{15^j \times 3}{7200}$$

$$1 \;-\; 1 \;-\; 1 \;-\; \frac{15^j \times 3 \times 9}{7200}$$

$$12 \;-\; 1 \;-\; 1 \;-\; \frac{15^j \times 3 \times 9}{7200 \times 12}$$

$$12 \;-\; 12800 \;-\; 1 \;-\; \frac{15^j \times 3 \times 9 \times 12800}{7200 \times 12}$$

$$12 \;-\; 12800 \;-\; 6 \;-\; \frac{15^j \times 3 \times 9 \times 12800}{7200 \times 12 \times 6}$$

$$\text{ou} \qquad x = \frac{15^j \times 3 \times 9 \times 12800}{7200 \times 12 \times 6} = 10 \text{ jours.}$$

Nous avons fait ce tableau sans écrire le raisonnement : le lecteur y suppléera facilement.

Quand on a acquis l'habitude de ces sortes de questions, on peut se dispenser de faire ce tableau, et écrire tout de suite le résultat final en disant :

Si 3 élèves ont mis 15 jours à faire un ouvrage, un seul élève mettrait 3 fois ce nombre de jours, ou

$$15^j \times 3,$$

Pour faire une seule ligne au lieu de 7200, il mettrait le $\frac{1}{7200}$, ou

$$\frac{15^j \times 3}{7200};$$

S'il ne travaillait qu'une heure par jour au lieu de 9 heures, il lui faudrait 9 fois ce nombre de jours, ou

$$\frac{15^j \times 3 \times 9}{7200};$$

Si, au lieu d'un élève, il y en a 12, ils ne mettront que le $\frac{1}{12}$ du nombre de jours, ou

$$\frac{15^j \times 3 \times 9}{7200 \times 12};$$

Si, au lieu d'écrire une seule ligne, ils en écrivent 12800, il leur faudra 12800 fois ce nombre de jours, ou

$$\frac{15^j \times 3 \times 9 \times 12800}{7200 \times 12};$$

Enfin si, au lieu de travailler une heure par jour, ils travaillent 6 heures, il ne leur faudra que le $\frac{1}{6}$ du nombre de jours, ou

$$\frac{15^j \times 3 \times 9 \times 12800}{7200 \times 12 \times 6} \text{ ou } 10 \text{ jours.}$$

INTÉRÊTS SIMPLES.

230 — La somme prêtée ou placée prend le nom de *capital ;* ce qu'elle rapporte est l'*intérêt* et comme il faut une convention qui fixe ce que rapporte un capital, on convient que le capital 100 francs rapporte un certain intérêt qui est le *taux de l'intérêt*. Enfin un capital reste placé pendant un certain *temps*.

Nous voyons que, dans les questions d'intérêt, entrent quatre quantités : le capital, l'intérêt de ce capital, l'intérêt de 100 francs ou le taux et enfin le temps pendant lequel le capital reste placé. Par conséquent quatre sortes de problèmes à résoudre et qui n'offrent aucune difficulté, qu'on les résolve par les rapports ou par la réduction à l'unité.

Nous traiterons un exemple de chacun d'eux en cherchant successivement le capital, l'intérêt, le taux et le temps.

231 — Problème. Quel est le capital qui, en 7 ans et à 5 pour 100, rapporte 4074 fr. ?

Méthode des Rapports.

Décomposons cette question en ces deux autres, par exemple :

PREMIÈRE QUESTION.

Un capital rapporte 4074 fr. en 7 ans ; que rapporte-t-il en un an ?

Si le temps pendant lequel est placé un capital, est double, triple..., il est clair que l'intérêt est double, triple... ; l'intérêt et le temps variant dans le même sens, je multiple 4074 fr. par le rapport direct $\frac{1}{7}$ et j'ai

$$4074^{f} \times \frac{1}{7} = 582 \text{ fr.}$$

SECONDE QUESTION.

Quel est le capital qui, à 5 pour 0/0, rapporte 582 fr. par an ?

Si l'intérêt est double, triple.... le capital est double, triple... ; le capital et l'intérêt variant donc proportionnellement, je multiplie 100 fr. par le rapport direct $\frac{582}{5}$ et j'obtiens

$$100^f \times \frac{582}{5} \text{ ou } 11640 \text{ fr.}$$

Méthode de réduction à l'unité.

PREMIÈRE QUESTION (voir ci-dessus).

Si ce capital en 7 ans rapporte 4074 fr., en 1 an, il rapporte le $\frac{1}{7}$ ou

$$\frac{4074 \text{ fr.}}{7}$$

SECONDE QUESTION (voir ci-dessus).

Si 5 fr. sont rapportés par 100 fr., 1 fr. est rapporté par le $\frac{1}{5}$ de 100 fr., ou $\frac{100}{5}$ fr., et 582 fr. sont rapportés par 582 fois le capital $\frac{100}{5}$ fr. ou $\frac{100^f}{5} \times 582$ ou 11640 fr.

232 — PROBLÈME. Que rapportent 12840 fr. placés pendant 11 ans à 6 pour 0/0 ?

Méthode des rapports.

Nous décomposons cette question en ces deux autres, par exemple [1] :

---

[1] On fera bien de décomposer, d'analyser ainsi, jusqu'à ce qu'on se soit familiarisé à ces questions.

PREMIÈRE QUESTION.

A 6 pour 0/0, combien 12840 fr. rapportent-ils en 1 an ?

L'intérêt et le capital variant dans le même sens, je multiplie 6 fr. par le rapport direct des capitaux, $\frac{12840}{100}$ et j'obtiens

$$6^f \times \frac{12840}{100}$$

SECONDE QUESTION.

Combien un capital qui rapporte $6^f \times \frac{12840}{100}$ en 1 an, rapporte-t-il en 11 ans ?

L'intérêt et le temps variant proportionnellement, je multiplie par le rapport direct des temps, $\frac{11}{1}$. J'obtiens

$$6^f \times \frac{12840}{100} \times \frac{11}{1} \text{ ou } 8474^f, 4$$

Méthode de réduction à l'unité.

PREMIÈRE QUESTION (voir ci-dessus).

100 fr. étant l'unité, 12840 fr. contiennent 128,40 fois l'unité.

Si 100 fr. rapportent 6 fr., 128, 40 fois 100 fr. rapportent 128,40 fois 6 francs, ou

$$6^f \times 128,4.$$

SECONDE QUESTION (voir ci-dessus).

Si un capital en 1 an, rapporte l'intérêt $6^f \times 128,4$, en 11 ans il rapporte 11 fois cet intérêt, ou

$$6^f \times 128,4 \times 11 \text{ ou } 8474^f, 40.$$

233 — Problème. A quel taux est placé un capital de 6480 fr. qui, en 9 ans, rapporte 3790^f, 80 d'intérêt ?

Méthode des rapports.

Nous décomposons cette question en ces deux autres, par exemple :

PREMIÈRE QUESTION.

Un capital rapporte 3790^f, 80 d'intérêt en 9 ans ; que rapporte-t-il par an ?

L'intérêt d'un capital et le temps pendant lequel est placé ce capital, variant dans le même rapport, je multiplie l'intérêt par le rapport direct des temps, $\frac{1}{9}$. Je trouve

$$3790^f, 8 \times \frac{1}{9}.$$

SECONDE QUESTION.

A quel taux est placé un capital 6480 fr. qui, en un an, rapporte 3790^f, $8 \times \frac{1}{9}$ d'intérêt ?

Les intérêts rapportés dans le même temps, variant proportionnellement aux capitaux, je multiplie par le rapport direct des capitaux, $\frac{100}{6480}$ et j'obtiens

$$3790^f, 8 \times \frac{1}{9} \times \frac{100}{6480} \text{ ou } 6^f, 50.$$

Méthode de réduction à l'unité.

PREMIÈRE QUESTION (voir ci-dessus).

Si un capital, en 9 ans, rapporte 3790^f, 8, en 1 an, il rapporte le $\frac{1}{9}$ ou

$$\frac{3790^f, 8}{9}$$

SECONDE QUESTION (voir ci-dessus).

Si 6480 fr. rapportent $\dfrac{3790^f,8}{9}$, 1 franc rap-

porte le $\dfrac{1}{6480}$ ou $\dfrac{3790^f,8}{9\times6480}$ et 100 fr. rapportent
100 fois cet intérêt ou

$$\dfrac{3790^f,8\times100}{9\times6480} \text{ ou } 6^f,50.$$

234 — PROBLÈME. Pendant combien de temps
est resté placé un capital de 4860 fr. qui, à
5 pour 0/0, a rapporté 850^f, 50 d'intérêt ?

Méthode des rapports.

Cette question se décompose en ces deux
autres, par exemple :

PREMIÈRE QUESTION.

Le capital 100 fr. rapporte un certain intérêt en un an. Quel temps faudrait-il au capital
4860 fr. pour rapporter le même intérêt ?
Pour un intérêt déterminé le temps et le capital variant inversement, ce temps est

$$1^a\times\dfrac{100}{4860}$$

SECONDE QUESTION.

Un certain capital a rapporté 5 fr. dans le
temps $1^a\times\dfrac{100}{4860}$; combien de temps eût-il dû
rester placé pour rapporter 850^f, 50 ?
Le temps et l'intérêt variant proportionnellement, ce temps est

$$x=1^a\times\dfrac{100}{4860}\times\dfrac{850,^{.}5}{5}, \qquad\qquad \text{ou}$$

$$x=1^a\times\dfrac{1}{4860}\times\dfrac{85050}{5}, \qquad\qquad \text{ou}$$

$$x = 1^a \times \frac{1}{486} \times 1701 \qquad \text{ou}$$

$$x = 1^a \times \frac{1}{54} \times 189 = 1^a \times \frac{21}{6} = 3^a 1/2.$$

Ce capital a donc été placé pendant 3 ans et 6 mois.

Méthode de réduction à l'unité.

S'il faut, à 100 fr., 1 an pour rapporter un certain intérêt, à 1 fr. il faudrait 100 fois ce temps, ou

$$1^a \times 100 \, ;$$

Pour rapporter 1 fr. au lieu de 5, il lui faudrait (à ce franc) le 1/5 de ce temps ou

$$\frac{1^a \times 100}{5} \, ;$$

Si au lieu de 1 fr., le capital est 4860, le temps ne doit être que le $\frac{1}{4860}$, ou

$$\frac{1^a \times 100}{5 \times 4860} \, ;$$

Et enfin si l'intérêt au lieu d'être de 1 fr. est 850^f, 50, le temps est 850^f, 50 fois le précédent, ou

$$x = \frac{1^a \times 100 \times 850^f, 5}{5 \times 4860} = 3^a \ 6^m.$$

Pour terminer ce que nous dirons sur ce sujet, nous allons établir la formule des intérêts simples, par les rapports et par la réduction à l'unité.

Formule des intérêts simples.

235 — Soit a le capital, i l'intérêt de 100 fr., I l'intérêt de a et t le nombre d'années.

$$100^f \qquad 1^a \qquad i^f \ {}^{(1)}$$
$$a \qquad t \qquad I$$

Supposons qu'on cherche I.

Méthode des rapports.

L'intérêt varie proportionnellement au capital et au temps. Je multiplie donc i par les rapports directs des capitaux et des temps et j'ai

$$I = i \times \frac{a}{100} \times \frac{t}{1} = \frac{ait}{100}$$

Méthode de réduction à l'unité.

Si 100 fr. rapportent i en 1 an, 1 fr. rapporte le $\frac{1}{100}$ ou $\frac{i}{100}$. Si 1 fr. rapporte $\frac{i}{100}$, en un an, a francs rapportent, en un an, $\frac{i \times a}{100}$ et si a francs rapportent, en un an, $\frac{i \times a}{100}$, en t années, ils rapporteront $\frac{i \times a \times t}{100}$, on a donc

$$I = \frac{ait}{100}.$$

Cette formule contient quatre quantités de chacune desquelles il est facile d'écrire la valeur.

Il ne faut pas perdre de vue que t représente un nombre d'années.

---

(1) Les élèves, surtout dans les commencements, feront bien de s'habituer à placer a nsi les données des questions d'intérêt en faisant correspondre les nombres de même espèce; ils écriront les rapports bien plus facilement et bien plus sûrement.

DE L'ESCOMPTE.

Escompte du commerce.

236 — On appelle *Escompte* la retenue faite sur un billet payé avant l'échéance.

Dans le commerce, cet escompte est l'intérêt de la somme portée sur le billet pendant le temps qui doit s'écouler jusqu'à l'échéance.

237 — PROBLÈME I. Quel est la valeur actuelle d'un billet de 2480 fr. payable au bout de 3 mois, le taux de l'escompte étant de 6 pour 0/0 ?

Par définition, l'escompte de ce billet est l'intérêt de 2480 fr., pendant 3 mois et à 6 pour 0/0. C'est 37^f, 20.

Le billet vaut donc 2442^f, 80.

On peut chercher directement cette valeur actuelle du billet : 100 fr. rapportant 1^f, 50 en 3 mois, par définition (228) un billet de 100 fr. payable au bout de 3 mois, à 6 pour 0/0, vaut actuellement 98^f, 50.

On emploiera maintenant soient les rapports, soit la réduction à l'unité.

Si 100 fr. valent actuellement 98^f, 50, le billet vaut 98^f, 50 × 24,80 ou 2442^f, 80.

L'escompte qui vient de nous occuper est l'*escompte commercial*.

Escompte rationnel.

L'*escompte rationnel* est l'intérêt de la somme qui placée actuellement vaudrait, au moment de l'échéance, capital et intérêts réunis, la somme portée sur le billet.

Pour trouver, au point de vue de l'escompte rationnel, la valeur actuelle de ce billet, il suffit de remarquer que, par définition, 100 fr. est la valeur actuelle d'un billet de 101^f, 50 payable au bout de 3 mois.

Employant l'une des méthodes ci-dessus, on trouve pour valeur actuelle

$$\frac{100 \times 2480 \text{ fr.}}{101,5} \text{ ou } 2443^f, 35 \,^{(1)}.$$

Somme un peu supérieure à la valeur trouvée par l'escompte commercial. C'est qu'en effet, par définition, l'escompte commercial égale l'escompte rationel plus l'intérêt de cet escompte rationnel.

238 — Problème II. Un négociant touche 1800 fr. moyennant un billet payable au bout de 3 mois, quelle somme doit-il porter sur ce billet, le taux de l'escompte étant de 6 pour 0/0 ?

ESCOMPTE COMMERCIAL.

Par définition, $98^f, 50$ valent 100 fr. au bout de 3 mois, par suite, ce billet doit être de

$$1800^f \times \frac{100}{98,5} \text{ ou de } 1827^f, 44.$$

ESCOMPTE RATIONNEL.

Par définition, pour toucher actuellement 100 fr., il faut faire un billet de $101^f, 50$ payable au bout de 3 mois.

On doit donc faire un billet de

$$101^f, 50 \times 18 \text{ ou de } 1827 \text{ fr.}$$

PARTAGE D'UN NOMBRE
EN PARTIES PROPORTIONNELLES A DES NOMBRES DONNÉS.

239 — Nous avons déjà dit (223) que l'égalité de deux rapports forme une proportion et que pour que des quantités soient proportionnelles à des nombres donnés, il faut que les

---

(1) Pour trouver l'escompte rationnel on remarquerait que, par définition, l'escompte rationnel d'un billet de $101^f, 50$ payable au bout de 3 mois à 6 pour 0/0, est $1^f, 50$.

quantités prises toutes simultanément comme numérateurs ou comme dénominateurs, forment avec ces nombres pris comme dénominateurs ou comme numérateurs, des rapports égaux.

Ainsi a, b, c sont proportionnels à 6, 15, 36, si l'on a

$$\frac{a}{6} = \frac{b}{15} = \frac{c}{36}$$

C'est-à-dire que deux de ces rapports, les deux premiers, par exemple, $\frac{a}{6}$, $\frac{b}{15}$ forment une proportion dans laquelle a et b, les numérateurs sont proportionnels à 6 et 15 qui sont les dénominateurs.

240 — PROBLÈME 1. Soit proposé de partager 1957 en 3 parties proportionnelles à 3, 5, 11.

Si je partage $(3+5+11)$ unités ou 19 unités proportionnellement à 3, 5, 11, il est clair que les parties sont

$$3, \ 5, \ 11.$$

Si je n'ai à partager qu'une unité, au lieu de 19, les parties sont

$$\frac{3}{19}, \ \frac{5}{19}, \ \frac{11}{19}$$

Et si, au lieu d'une unité, j'en partage 1957, les parties sont

$$\frac{3}{19}1957, \ \frac{5}{19}1957, \ \frac{11}{19}1957, \qquad \text{ou}$$

$$3\times103, \ 5\times103, \ 11\times103 \qquad \text{ou}$$

$$309, \quad 515, \quad 1133.$$

241 — Ou bien si x, y, z sont ces 3 parties, j'ai, d'après le théorème (222)

$$\frac{x}{3} = \frac{y}{5} = \frac{z}{11} = \frac{x+y+z}{3+5+11} = \frac{1957}{19}$$

Ce qui donne successivement

$$x=\frac{3}{19}\times 1957= 309$$

$$y=\frac{5}{19}\times 1957= 515$$

$$z=\frac{11}{19}\times 1957=1133$$

$$\overline{1957}$$

De nombreux problèmes ne sont qu'une application de cette théorie. Nous allons en examiner quelques-uns.

242 — Problème II. 3 personnes s'associent pour une entreprise : la première apporte dans la société 6000 fr., la seconde 9000 et la troisième 11000. Cette entreprise leur donne un bénéfice de 5200. Que revient-il à chacune?

Ce problème revient évidemment à partager le bénéfice proportionnellement aux mises ou 5200 fr. proportionnellement à 6000, 9000 11000 ou simplement à 6, 9, 11 (232, 233).

$$\text{Il revient, à la}\quad \left\{\begin{array}{l} 1^{\text{re}},\ 1200\ \text{fr.} \\ 2^{\text{e}},\ 1800 \\ 3^{\text{e}},\ 2200 \end{array}\right.$$

$$\overline{5200\ \text{fr.}}$$

Si les mises n'étaient pas restées dans la société pendant le même temps, on multiplierait chacune par le temps pendant lequel elle y est restée et le partage se ferait proportionnellement à ces produits.

Prenons un exemple :

243 — Problème III. 3 personnes s'associent pour une entreprise : la 1re apporte, dans la société, 6000 fr. qui y restent 15 mois; la 2e, 9000 fr. qui y restent 2 ans et 6 mois ; la 3e, 11000 fr. qui y restent 3 ans,. Le bénéfice qu'elles font est de 5200 fr., que revient-t-il à chacune ?

Je simplifie en remarquant que ces temps sont des multiples de 3 mois. C'est comme si l'on disait ces 6000 fr. sont restés 5 fois 3 mois ; les 9000 fr., 10 fois 3 mois et les 11000 fr., 12 fois 3 mois. Comme il est d'ailleurs évident que 6000 fr., par exemple, doivent rapporter en 5 fois 3 mois, 5 fois ce que 6000 rapporteraient en 3 mois ; c'est donc comme si l'on avait 5 placements de 6000 fr., chacun pendant 3 mois seulement. De même 10 placements de 9000 fr., pendant 3 mois seulement et 12 placements de 11000 fr., chacun pendant 3 mois. On doit donc partager le bénéfice proportionnellement à 6000×5, 9000×10, 11000×12, ou simplement proportionnellement à 6×5, 9×10, 11×12 ou à 30, 90, 132 (240, 241).

$$\text{On trouve, pour la} \quad \begin{cases} 1^{re}, & 619^{f}, 05 \\ 2^{e}, & 1857, 14 \\ 3^{e}, & 2723, 81 \end{cases}$$

$$\overline{5200}$$

Exercices

SUR LES CUBES ET LES RACINES CUBIQUES.

1° Quelle est la différence des cubes de deux nombres qui diffèrent de $\frac{1}{n}$?

2° La différence moins un des cubes de deux nombres consécutifs est divisible par 6.

3° Sachant qu'un nombre, ayant au plus 6 chiffres, est un cube parfait, ne peut-on pas, sans calcul, écrire la racine cubique de ce nombre ?

Écrire la racine cubique de 148 877, par exemple.

Cette question est-elle aussi simple, dans le cas d'une racine carrée ?

4° Le produit de deux cubes est-il un cube ?

— La réciproque est-elle vraie ?

5° Connaissant la différence des cubes de

deux nombres qui diffèrent d'une unité, calculer ces deux nombres.

6° Si on diminue de ce nombre le cube d'un nombre impair, le reste est un multiple de 8.

7° Si on divise par 6 l'un des cubes des 5 premiers nombres entiers, on obtient pour reste la racine cubique elle-même.

8° Une fraction a pour racine cubique exacte une autre fraction si son numérateur multiplié par le carré de son dénominateur est un cube parfait.

9° Preuves par 9 et par 11 de l'extraction de la racine cubique.

10° On écrira les nombres dont on a extrait la racine, dans un système quelconque de numération et dans ce système on fera l'opération de l'extraction de la racine cubique ce qui fournit une nouvelle preuve de cette opération.

Exercices

SUR LES QUESTIONS D'INTÉRÊT.

1° Ecrire la formule algébrique qui donne la différence entre l'escompte commercial et l'escompte rationnel. — *C'est par définition l'intérêt de l'escompte rationnel.*

2° En achetant du 3 pour 0/0 au cours de 71, 85, à quel taux place-t-on son argent ?

3° A quel taux place-t-on son argent en achetant du 4 1/2 pour 0/0 au cours de 101^f, 65 ?

4° Au cours de 74^f, 65, combien valent 1200 fr. de rente 3 pour 0/0 ?

5° Combien au cours de 102^f, 50 valent 1520 fr. de rente 4 1/2 pour 0/0 [1] ?

---

[1] On pourra tenir compte du *courtage et du timbre*, s'il ne s'agit pas de titres au porteur.

L'agent de change qui vend ou achète une rente a droit au 1/8 pour 0/0 ou au $\frac{1}{800}$ du prix de la

6° Qu'elle serait la différence d'achat de 1825 fr. de rente 3 pour 0/0 ou 4 1/2 pour 0/0 aux cours indiqués plus haut (4° et 5°).

RÈGLES

DE MÉLANGES ET D'ALLIAGES.

244 — Nous allons nous occuper des questions de mélanges et d'alliages. Quelques-unes ne pouvant se traiter convenablement qu'à l'aide de quelques notions d'algèbre, nous emploierons l'algèbre et nous donnerons en même temps les solutions arithmétiques.

Des problèmes de deux sortes se présentent d'abord :

1° Trouver la valeur d'une partie déterminée d'un mélange ou d'un alliage déterminé ;

2° Comment faire ce mélange ou cet alliage pour qu'une partie déterminée ait une valeur déterminée ?

245 — Problème I. Un marchand de vins fait un mélange de 120 litres à 1 fr. 25, 90 litres à 0 fr. 80 et 75 litres à 1 fr. 50. Quel est le prix du litre du mélange ?

Les 120 litres à 1 fr. 25 valent 150 fr.; les 90 litres à 0 fr. 80 valent 72 fr.; enfin les 75 litres à 1 fr. 50 valent 112 fr. 50. Le marchand a donc fait un mélange de (120+90+75) litres ou de 285 litres qui valent

---

rente; c'est le *courtage* ou la *commission*. De plus le *timbre* est de 0 fr. 50 jusqu'à 10 000 fr. de capital et de 1 fr. 50 au-delà de 10 000 fr.

Si l'on achète une rente, c'est généralement au *prix moyen*. Les agents de change sont convenus, pour plus de simplicité, de prendre pour *cours moyen* la 1/2 du cours le plus élevé et du cours le plus bas ou leur moyenne arithmétique.

12

$(150 + 72 + 112, 50)$ francs ou $334^f, 50$; le litre du mélange vaut donc $\dfrac{334^f, 50}{285}$ ou un peu plus de $1^f, 17$.

Règle. *Pour obtenir le prix de l'unité du mélange, on fait, pour chaque chose mélangée, le produit du prix d'une unité par le nombre d'unités, puis on divise la somme de ces produits, par la somme du nombre d'unités du mélange. Le quotient est le nombre cherché.*

246 — PROBLÈME II. On fond ensemble $2^k, 715$ d'un métal au titre $0, 83$; $1^k, 319$ du même métal au titre $0, 79$ et $0^k, 813$ au titre $0, 85$. Quel est le titre de l'alliage?

On appelle titre d'un métal le rapport du poids du métal fin [1] *au poids total de l'alliage.*

D'après cette définition, dire que de l'argent, par exemple, est au titre $0, 83$, c'est dire qu'il renferme les $0, 83$ d'argent ou que sur 100 grammes il y en a 83 d'argent fin.

On a donc $(2^k, 715 \times 0,83 + 1^k, 319 \times 0,79 + 0^k, 813 \times 0,85)$ d'un métal fin quelconque, ou $(2,25345 + 1,04201 + 0,69105)$ kilogrammes de métal fin sur $(2,715 + 1,319 + 0,813)$ kilogrammes d'alliage. Le titre de cet alliage est donc

$$\frac{2,25345 + 1,04201 + 0,69105}{2,715 + 1,319 + 0,813} \text{ ou } \frac{3,98651}{4,847} \text{ ou}$$

$$0, 822.$$

Règle. *Pour obtenir le titre d'un alliage d'un métal quelconque on multiplie le poids de chaque sorte du métal allié par le titre de ce métal, on fait la somme des produits obtenus et l'on divise cette somme par le poids total du métal allié.*

---

(1) Métal chimiquement pur.

247 — PROBLÈME III. Combien de vin à 1ᶠ, 20 le litre et de vin à 0ᶠ, 75 faut-il mélanger pour faire 90 litres de vin à 1ᶠ le litre?

Méthode arithmétique.

Je cherche d'abord dans quel rapport on doit prendre de ces deux sortes de vins pour faire du vin à 1ᶠ le litre.

1ᶠ, 20	0ᶠ, 20		0, 25 du 1ᵉʳ
1ᶠ		on prendra	
0ᶠ, 75	0ᶠ, 25		0, 20 du 2ᵉ

Sur un litre de vin à 1ᶠ, 20, si je ne le vends qu'1 fr., je perds 0ᶠ, 20. Je gagne 0ᶠ, 25 sur le vin à 0ᶠ, 75 en le vendant 1 fr. Il en résulte que si je prends 0, 25 du premier et 0, 20 du second la perte et le gain se compensent; par conséquent, j'ai bien du vin à 1 franc. Cela est évident, puisque

$$0ᶠ, 20 \times 0,25 = 0ᶠ, 25 \times 0,20 \ (122 \text{ rem.})$$

Je prends donc $\left\{ \begin{array}{l} 0,\ 25 \text{ du } 1ᵉʳ \\ 0,\ 20 \text{ du } 2ᵈ \end{array} \right.$ ou simplement

$\begin{array}{l} 25 \text{ du } 1ᵉʳ \\ 20 \text{ du } 2ᵈ \end{array}$ ou enfin $\left\{ \begin{array}{l} 5 \text{ du } 1ᵉʳ \\ 4 \text{ du } 2ᵈ \end{array} \right.$

Règle.   *Pour trouver le rapport dans lequel on doit prendre de ces deux sortes de vins on fait la différence entre le prix du mélange et le prix de ces deux sortes de vins; on obtient ainsi deux nombres et le rapport inverse de ces deux nombres est le rapport cherché.*

Ici, j'écris 1 fr.; en regard 1ᶠ, 20 et 0ᶠ 75; sur la même ligne que 1ᶠ 20, j'écris 0ᶠ, 20 qui est ce que je perds sur le premier vin; sur la même ligne que 0ᶠ, 75, j'écris 0ᶠ, 25 qui est ce que je gagne sur le second et je conclus que je dois prendre du premier et du second dans le rapport de 0, 25 à 0, 20 ou dans le rapport de 5 à 4.

Cette marche pratique résulte de ce que nous avons expliqué plus haut. On doit donc partager 90 (240) en deux parties proportionnelles à 5 et à 4 ; on prendra donc 50 litres de vin à 1^f, 20 et 40 litres de vin à 0^f, 75.

$$\textit{Vérification :} \quad
\begin{array}{lll}
50 \text{ lit. à } 1^f, 20 & \text{valent} & 60^f \\
40 \,-\, \text{ à } 0^f, 75 & - & 30 \\
\hline
90 \,-\, \text{ à } 1^f & - & 90^f
\end{array}$$

Méthode algébrique.

Nous écrivons que la perte que l'on éprouve en vendant 1^f du vin de 1^f, 20 égale le gain que l'on fait en vendant 1^f du vin de 0^f, 75.

$$\begin{array}{ll}
\text{Sur le premier on perd} & 0^f, 20 \\
\text{Sur le second on gagne} & 0, \ 25 ;
\end{array}$$

Donc si l'on prend x litres du premier vin et y litres du second, on doit avoir

$$
\begin{aligned}
0^f, 20 \times x &= 0^f, 25 \times y & \text{ou} \\
20x &= 25y & \text{ou} \\
4x &= 5y,
\end{aligned}
$$

Ce qui donne, comme plus haut,

$$\frac{x}{y} = \frac{5}{4} \ \text{ou} \ \frac{x}{5} = \frac{y}{4}$$

Nous avons en outre

$$x + y = 90 \qquad \text{et, par suite,}$$
$$\frac{x}{5} = \frac{y}{4} = \frac{x+y}{4+5} = \frac{90}{9} = 10 \qquad \text{et enfin}$$
$$x = 50 \quad y = 40$$

Dans les problèmes que nous avons résolus, chaque inconnue correspondant à une valeur déterminée, à une seule valeur, nous n'avions qu'une solution : Ce sont là des *problèmes déterminés*.

Il se peut que les quantités variables, les inconnues étant en plus grand nombre que les conditions auxquelles elles doivent satisfaire, les solutions soient plus ou moins nombreuses : dans ce dernier cas, les *problèmes sont indéterminés*.

Les deux problèmes qui suivent sont indéterminés : nous aurons trois quantités ne devant satisfaire qu'à deux conditions, ou bien trois inconnues et seulement deux équations.

Algébriquement, nous aurions une infinité de solutions ; mais nous n'admettrons que les valeurs entières et positives des inconnues.

248 — PROBLÈME IV. Combien faut-il mélanger de vin à 1^f, 50, de vin à 1^f, 20 et de vin à 0^f, 75 pour faire 6 hectolitres 30 litres de vin à 1^f, 25?

Méthode arithmétique.

$$
\begin{array}{ccccc}
 & 1^f, 50 & 0^f, 25 & 0, 55 & 11 \\
1^f, 25 & 1, 20 \rbrace & 0, 05 \rbrace 0,55 & 0, 25 & 5 \\
 & 0, 75 \rbrace & 0, 50 \rbrace & 0, 25 & 5
\end{array}
$$

Quand on vend 1^f, 25 du vin de 1^f, 50, on perd 0^f, 25. — Quand on vend 1^f, 25 du vin de 1^f, 20 on gagne 0^f, 05 ; du vin de 0^f, 75, on gagne 0^f, 50. Donc sur 2 litres, par exemple, dont 1 de chacun des deux derniers vins, on gagne 0^f, 55. Il en résulte que l'on peut prendre 0, 55 du premier et 0, 25 de chacun des deux derniers, parce qu'il est évident que la perte égale le gain puisque

$$0^f, 25 \times 0, 55 = (0^f, 05 + 0^f, 50) \times 0, 25$$
$$(122 \text{ rem.})$$

Ainsi l'on pourra prendre 11 du premier et 5 de chacun des deux derniers.

Le problème sera donc résolu en partageant 630 litres en 3 parties proportionnelles à 11, 5 et 5 (240).

On trouve ainsi

$$
\begin{array}{l}
330 \text{ du } 1^{er} \\
150 \text{ du } 2^e \text{ et} \\
150 \text{ du } 3^e
\end{array}
$$

Vérification : 330 lit. à 1^f,50 valent 495^f
150 — à 1, 20 — 480
150 — à 0, 75 — 112, 50

630 — à 1, 25 — 787^f,50

Méthode algébrique.

Soient x, y, z les nombres de litres respectifs que l'on prend du premier, du second et du troisième vin. Si l'on vend le mélange 1^f, 25 on perd sur un litre du premier 0^f, 25. On gagne 0^f, 05 sur un litre du second et 0^f,50 sur un litre du troisième.

On doit donc avoir, en écrivant que la perte et le gain se compensent,

$$0^f, 25x = 0^f, 05y + 0^f, 50z, \qquad \text{ou}$$
$$25x = 5y + 50z, \qquad \text{ou}$$
$$5x = y + 10z.$$

Nous avons d'ailleurs $x + y + z = 630$, et comme nous n'avons que 2 équations répondant aux deux conditions du problème, on peut y satisfaire d'une infinité de manières.

L'algèbre permet de résoudre ce problème d'une façon très-simple et très-satisfaisante, comme nous allons le voir

Eliminons y, par exemple, entre ces deux équations :

De l'avant-dernière, $y = 5x - 10z$; portant cette valeur dans la dernière, cette équation devient :

$$x + 5x - 10z + z = 630, \qquad \text{ou}$$
$$6x - 9z = 630 \qquad \text{ou}$$
$$2x - 3z = 210, \quad \text{ce qui donne}$$
$$x = \frac{210 + 3z}{2}$$

Et il est clair que pour toute valeur donnée à z, on aurait une valeur correspondante de x et, par suite, une valeur correspondante de y, puisque $y = 5x - 10z$.

Supposons que l'on n'admette que des nombres entiers pour les valeurs des inconnues.

Il est d'abord évident que le numérateur de x devant être divisible par 2, puisque 210 est pair, $3z$ doit être pair ; donc z doit être pair.

Comme nous n'admettons pas les valeurs négatives, z prend les valeurs 0, 2, 4, 6....... 210, c'est-à-dire la suite des nombres pairs jusqu'à 210 ; car, au-delà, pour 212, par exemple, y serait négatif :

En effet, $y = 5x - 10z$; donc

$$y = 5\frac{210+3z}{2} - 10z,$$ ou

$$y = \frac{1050+15z-20z}{2},$$ ou

$$y = \frac{1050-5z}{2} :$$

Donc z ne peut surpasser $\frac{1050}{5}$, autrement le numérateur de y serait négatif ; donc z ne peut surpasser 210.

Si $z = 0$, $x = \frac{210}{2}$ ou 105 et $y = 5x$ ou 525.

Comme il serait facile de le vérifier, si $z = 210$, $x = \frac{210+210\times 3}{2} = 420$, et $y = 0$.

La moindre valeur que puisse avoir x est 105 et x a cette valeur quand $z = 0$.

Les valeurs suivantes sont évidemment 108, 111, ... ou $105 + \frac{3\times 2n}{2}$ ou $105 + 3n$, dans laquelle valeur, nous faisons successivement $n = 1, 2, 3.....$; mais si z ne peut surpasser 210, comme z égale $2n$, n ne peut surpasser 105 et par suite la plus grande valeur de x est $105 + 3 \times 105$ ou 420.

Puisque $x + y + z = 630$ ou $y = 630 - x - z$, la plus grande valeur que puisse avoir y est relative à $z = 0$ et à $x = 105$; par suite, la plus grande valeur de y est 525. Les valeurs successives de y sont ensuite 520, 515.....; ceci est évident, puisque les valeurs d'x augmentent de 3 unités quand celles de z augmentent de 2 unités.

$$y = 5x - 10z \quad \text{ou} \quad y = 5(x - 2z)$$

Comme nous venons de le voir, si z croît de 2 unités, x croît de 3 unités ; de sorte que si z est de la forme $2n$, comme la moindre valeur que puisse prendre x est 105, x est de la forme $105 + 3n$, n prenant les valeurs entières consécutives. On a donc

$$y = 5(105 + 3n - 2.2n) \quad \text{ou}$$
$$y = 5 \times 105 + 5n(3 - 4) \quad \text{ou}$$
$$y = 525 - 5n$$

Et, donnant à n les valeurs 0, 1, 2....., on trouve :

$$y = 525$$
$$y = 525 - 5 = 520$$
$$y = 525 - 10 = 515.......$$

$$. \quad . \quad . \quad . \quad . \quad . \quad . \quad .$$

Le tableau des solutions entières est

x	y	z
105	525	0
108	520	2
111	515	4
114	510	6
. . .	. . .	. . .
. . .	. . .	. . .
417	5	208
420	0	210

Ainsi ce problème a 106 solutions entières [1].

Si l'énoncé du problème assujettissait à une troisième condition, en fixant, par exemple, la

---

[1] On pourrait aussi, mais péniblement, arriver à ces solutions, par l'arithmétique.

valeur de l'une des inconnues x, y ou z, il n'y aurait plus qu'une seule solution.

Nous ne traiterons plus qu'une de ces questions, un problème d'alliage, pensant que la méthode sera alors suffisamment tracée.

249—Problème V. On veut faire 2 kilogrammes d'argent au titre 0,9 avec trois sortes d'argent : de l'argent au titre 0,83, de l'argent au titre 0,88 et de l'argent au titre 0,93. Combien devra-t-on prendre de ces trois sortes d'argent ?

Ce problème, comme le précédent, est indéterminé, puisqu'il renferme 3 inconnues et qu'il ne contient que 2 conditions ou 2 équations seulement. Il a donc une infinité de solutions.

Méthode arithmétique.

$$
\begin{array}{c|c|c|l}
 & 0,83 & 0,07 & & \text{donc } 0,03 \text{ de} \\
0,90 & 0,88 & 0,02 & 0,09 & \text{chacun des 2 } 1^{\text{ers}} \\
 & 0,93 & & 0,03 & \text{et } 0,09 \text{ du } 3^{\text{e}}
\end{array}
$$

En employant, pour de l'argent au titre 0,9, du premier argent, on gagne 0,07; du second, 0,02, tandis que sur le troisième on perd 0,03. Il en résulte que si l'on prend 0,03 de chacun des deux premiers et 0,09 du dernier, l'alliage résultant sera au titre 0,90, ce qui est évident, puisque

$$0^{\text{k}},03(0,07+0,02)=0^{\text{k}},09\times0,03 \ (122 \text{ rem.})$$

Ainsi l'on prendra trois parties de chacun des deux premiers argents et 9 du dernier, ou 1 partie de chacun des deux premiers argents et 3 du dernier.

On peut donc, pour résoudre ce problème, partager 2^{k} ou 2000 grammes en trois parties proportionnelles à 1, 1 et 3.

On prendra ainsi

$$400^{gr} \text{ du } 1^{er}$$
$$400 \quad \text{ du } 2^{d}$$
$$\text{et } 1200 \quad \text{ du } 3^{e}$$

Méthode algébrique.

Soient x, y, z les poids respectifs que l'on prendra du premier, du second et du troisième argent pour faire de l'argent au titre 0, 09.

Ecrivant tout de suite que la perte éprouvée sur le troisième doit compenser le gain fait sur les deux autres, on a [1]

$$7x + 2y = 3z \qquad \text{et d'ailleurs}$$
$$x + y + z = 2$$

Eliminant z, par exemple, il vient

$$7x + 2y = 3(2 - x - y) \qquad \text{ou}$$
$$10x + 5y = 6$$

Cette équation étant irréductible [2], comme 10 et 5 ne sont pas premiers entre eux, nous n'aurons pas pour x et pour y des valeurs entières; car cette équation peut s'écrire

$$2x + y = \frac{6}{5}$$

Et si l'on donne à x et à y des valeurs entières, il est impossible que cette équation soit vérifiée, le second membre étant fractionnaire; mais on peut, ici, prendre le gramme pour unité et il vient

$$2x + y = \frac{6000}{5} = 1200 ; \qquad \text{d'où}$$

$$x = \frac{1200 - y}{2}$$

Ne prenant, pour les inconnues, que les valeurs entières et positives, nous voyons, tout de

---

(1) On pourrait écrire une autre équation dont la signification serait : la quantité d'argent fin de l'alliage égale la somme des quantités d'argent fin des composants, équation qui, réductions faites, ne serait autre que celle que nous employons.

(2) C'est-à-dire que les termes n'ont point de facteur commun.

suite, que les valeurs de y varient de 0 à 1200 et les valeurs correspondantes de x, de 600 à 0.

Celles de z varient de 1400 à 800.

Les valeurs de x devant être entières, 1200 étant un nombre pair et le dénominateur étant 2, y ne peut prendre que des valeurs paires : 0, 2, 4..... 1200. — Les valeurs de x, formant la suite décroissante des nombres entiers depuis 600, sont : 600, 599, 598, 597....... 2, 1, 0.

$$x = \frac{1200-y}{2} \quad \text{ou} \quad x = \frac{1200}{2} - \frac{y}{2} \quad \text{ou}$$

$$x = 600 - \frac{y}{2}$$

Et comme nous ne donnons à y que les valeurs paires 0, 2, 4..... 1200, il est clair que cela revient, pour obtenir les valeurs successives de x, à retrancher de 600, successivement 0, 1, 2, 3, 4..... 600.

Quant aux valeurs de z, puisque $z = 2000$[1] $- x - y$, pour $y = o$ et $x = 600$, $z = 1400$ et comme d'ailleurs quand y croît de 2 unités, x décroît seulement d'une unité, il en résulte que la valeur de z décroît, comme celle de x, aussi d'une unité et que, par suite, les valeurs successives de z sont 1400, 1399, 1398....... 801, 800.

TABLEAU DES VALEURS DES INCONNUES.

x	y	z
600	0	1400
599	2	1399
598	4	1398
.	.	.
.	.	.
1	1198	801
0	1200	800

—————

(1) Les 2 kil. réduits en grammes.

Ce qui nous donne, en grammes, 601 solutions entières.

Quoique ces diverses solutions s'aperçoivent, assez facilement, par des considérations arithmétiques, nous croyons devoir indiquer une méthode générale pour les obtenir.

Remarques.

250 — I. Nous avons trouvé plus haut l'équation

$$10x + 5y = 6$$

et nous avons vu qu'elle ne peut avoir de solutions entières

Si l'on a, en général,

$$ax + by = c$$

Cette équation étant irréductible, si a et b ont un facteur commun, m, par exemple, de sorte que $a = a'm$, $b = b'm$, l'équation est

$$ma'x + mb'y = c, \qquad \text{ou}$$
$$a'x + b'y = \frac{c}{m}$$

équation qui, évidemment, ne peut admettre pour x et y des valeurs entières : a' et b' étant des nombres entiers, le premier membre est un nombre entier qui ne peut égaler l'expression fractionnaire $\frac{c}{m}$.

On pourra alors chercher les solutions entières de

$$a'x + b'y = c,$$

puis on les divisera par m.

251 — II. Ayant une solution entière de l'équation

$$ax + by = c,$$

(Ici nous supposons a et b premiers entre eux), on peut en obtenir une infinité.

En effet, soient α et β les valeurs simultanées d'x et d'y qui satisfont à cette équation, de sorte que l'on a

$$a\alpha + b\beta = c, \qquad \text{par suite,}$$

$$a(x - \alpha) = b(\beta - y);$$

Mais b divise le second membre, donc il divise le premier qui lui est égal et comme b est premier avec a, il faut qu'il divise $x - \alpha$ (96);

$$\text{donc} \qquad \frac{x - \alpha}{b} = p \qquad \text{ou}$$

$$x - \alpha = pb \quad \text{et} \quad x = \alpha + pb$$

p pouvant prendre toutes les valeurs entières possibles, positives ou négatives.

Il en résulte

$$apb = b(\beta - y) \qquad \text{ou}$$

$$ap = \beta - y; \qquad \text{d'où}$$

$$y = \beta - ap$$

Dans l'exemple précédent, $\alpha = 600$, $\beta = o$, $a = 2$ et $b = 1$

En donnant à p toutes les valeurs entières positives et négatives, on obtiendrait toutes les valeurs entières positives et négatives de x et de y. Comme nous ne pouvons admettre, dans cette question, de valeurs négatives pour les inconnues, nous ne donnerons à p que les valeurs négatives -1, -2, -3..... -600.

On aura donc successivement, $x = 600 - 1$, $x = 599 - 1$, $x = 598 - 1$..... $x = 1 - 1$, puis, $y = o$ $y = o + 2$, $y = o + 4$..... $y = o + 1200$.

Nous aurons, par suite, pour z, les valeurs que nous avons écrites plus haut.

252 — III. Une équation, dont les coefficients sont premiers entre eux, a toujours des solutions entières.

Nous l'avons vu, dans ce qui précède, et nous allons le démontrer d'une manière générale.

En effet, soit

$ax + by = c$ l'équation donnée dans laquelle

a, b, c n'ont point de facteur commun. De plus a et b sont aussi premiers entre eux. — Nous supposons, de plus, a, b, c positifs

$$x = \frac{c - by}{a}.$$

Si je pose $c = an - c'$, j'ai

$$x = n - \frac{c' + by}{a}.$$

Or, si je donne à y les a valeurs successives 0, 1, 2..... $a-1$, l'une des divisions, au moins, se fera exactement, sans quoi, j'obtiendrais a restes tous différents et tous plus petits que a, sans que l'un d'eux fût nul, ce qui est impossible. Il y a donc une valeur entière de y qui donne pour x une valeur entière.

Je dis que tous les restes que j'obtiens sont différents, sans quoi j'aurais

$$c' + bf = aq + r \qquad c' + bf' = aq' + r$$

(f et f' étant les valeurs que j'attribue à y), et, par suite,

$$b(f - f') = a(q - q') \qquad \text{ou}$$
$$\frac{b(f - f')}{a} = q - q', \qquad \text{ce qui}$$

est impossible, puisque b et a sont premiers entre eux et que f et f' sont chacun moindres que a

$ax + by = c$ ayant des solutions entières, $ax - by = c$ en a aussi, en vertu du même raisonnement.

PROGRESSIONS.

PROGRESSIONS ARITHMÉTIQUES.

253 — Une *progression arithmétique* est une suite de termes tels que chacun d'eux diffère de celui qui le précède d'une quantité constante appelée *raison*.

La suite des nombres entiers

$$\div 1.2.3.4.5\ldots\ldots$$

est une progression arithmétique dont la raison est 1. Elle se lit : comme 1 est à 2, est à 3, est à 4, est à 5.........

$$\div 3.7.11.15.19\ldots\ldots$$

est une progression arithmétique dont la raison est 4.

Dans la première, un nombre quelconque retranché du terme qui le suit, donne 1 pour reste ; dans la seconde, le reste est 4.

Dans la première, la raison est $+1$ et, dans la seconde, elle est $+4$.

Dans la progression

$$\div 60.56.52.48.44\ldots\ldots,$$

la raison est -4.

Théorème.

Dans toute progression arithmétique, un terme de rang quelconque égale le premier, plus autant de fois la raison qu'il y a de termes avant lui.

254 — Soit la progression

$$\div a.b.c.d.e\ldots\ldots$$

dont les termes sont a, b, $c\ldots\ldots$ et r la raison.

Par définition,

$$b = a + r$$
$$c = b + r = a + r + r = a + 2r$$
$$d = c + r = a + 2r + r = a + 3r$$

$$\cdot\quad\cdot\quad\cdot\quad\cdot\quad\cdot\quad\cdot\quad\cdot\quad\cdot$$

$$\cdot\quad\cdot\quad\cdot\quad\cdot\quad\cdot\quad\cdot\quad\cdot\quad\cdot$$

et, par suite, si l est le n^e terme,

$$l = a + (n-1)r ;$$

la progression ci-dessus peut donc s'écrire

$$\div a.a+r.a+2r.a+3r\ldots\ldots$$

Corollaires :

Les termes d'une progression arithmétique croissante augmentent indéfiniment de manière à surpasser toute grandeur donnée, quelque grande qu'elle soit,

I. Le n^e terme d'une progression arithmétique croissante

$$\div a.a+r.a+2r\ldots\ldots$$

surpasse toute grandeur G

En effet, posons

$$a+(n-1)r > G,$$ ou

$$(n-1)r > G-a,$$ ou

$$n-1 > \frac{G-a}{r};$$ et, enfin

$$n > \frac{G-a}{r}+1$$

Il suffit que N soit plus grand que

$$\frac{G-a}{r}+1$$

Dans la progression

$$\div 3.7.11.15\ldots\ldots;$$

pour que le n^e terme soit plus grand que 1000, il suffit que n surpasse

$$\frac{1000-3}{4}+1 \text{ ou } \frac{997}{4}+1 \text{ ou } 250\ 1/4$$

Si l'on pose $n=251$, on trouve pour 251e terme.

$$3+250\times4 \text{ ou } 1003.$$

Si, entre a et b, on insère m moyens, la raison est $\frac{b-a}{m+1}$.

II. On insère m moyens arithmétiques entre a et b en écrivant une progression dont a et b soient les extrêmes et contenant $m+2$ termes.

Le terme b ayant $m+1$ termes avant lui, on a, par définition (254)

$$b=a+(m+1)r$$

et, par suite, $$r=\frac{b-a}{m+1}$$

Si l'on veut, par exemple, insérer 5 moyens entre 7 et 25, on a

$$r=\frac{25-7}{6}=\frac{18}{6}=3$$

et, par suite, la progression

$$\div 7.10.13.16.19.22.25$$

Théorème.

Les progressions partielles résultant de l'insertion d'un même nombre de moyens entre les termes consécutifs d'une progression arithmétique forment une seule et même progression.

255 — Soit la progression

$$\div a.b.c.d\ldots\ldots$$

entre les termes consécutifs de laquelle on insère m moyens. La raison de la progression dont a et b sont les extrêmes, est

$$\frac{b-a}{m+1}\,;$$ celle dont b et c sont les extrêmes, est

$$\frac{c-b}{m+1}\,;$$ mais, par définition, $b-a=c-b=d-c=\ldots\ldots$, donc il en est de même de ces différences divisées par $m+1$. La raison de ces progressions est donc la même, et si l'on remarque que le dernier terme de l'une est le premier de la suivante, on conclut que ces progressions partielles ne forment qu'une seule et même progression.

Théorème.

Dans toute progression arithmétique, la somme de deux termes également distants des extrêmes est constante.

256 — Soit la progression

$$\div a.b.c\ldots\ldots i.k.l\,;$$

la somme de deux termes également distants des extrêmes est constante et égale à la somme des extrêmes.

En effet,

$$b=a+r\,; \qquad l=k+r \text{ et, par suite,}$$
$$k=l-r. \quad \text{Faisant la somme, membre à}$$

membre, des égalités 1 et 3, on a

$$b+k=a+l.$$

De même,

$$c=a+2r\,; \qquad l=i+2r \text{ et, par suite,}$$
$$i=l-2r \quad \text{et, faisant la somme, membre}$$

à membre,

$$c+i=a+l.$$

Soient, en général, e, g, deux termes tels que e en ait m avant lui et g, m après lui;

Par définition,

$$e=a+mr\,; \qquad l=g+mr \text{ et, par suite,}$$
$$g=l-mr \quad \text{et, faisant la somme, membre}$$

à membre,

$$e+g=a+l.$$

13

Ainsi dans la progression

$$\div 3.7.11.15.19.23.27.31.35$$

la somme de deux termes également distants des extrêmes égale 38, la somme des extrêmes. C'est, dans cette progression, le double du terme du milieu 19, cette progression ayant un nombre impair de termes.

Corollaire.

La somme des termes d'une progression arithmétique égale la demi-somme des extrêmes multipliée par le nombre des termes de cette progression.

257 — Soit la progression

$$\div a.b.c.....i.k.l$$

Si n est le nombre des termes et S, la somme de ces termes,

$$S = \frac{(a+l)n}{2} ;$$

En effet,

$$S = a+b+c+.....+i+k+l; \text{ de même,}$$
$$S = l+k+i+.....+c+b+a \qquad \text{ou,}$$

faisant la somme de ces égalités, membre à membre,

$$2S = (a+l)+(b+k)+(c+i)+.....+(i+c)$$
$$+(k+b)+(l+a);$$

mais (256), chacune des quantités entre parenthèse égale $(a+l)$ et comme il y a n de ces quantités,

$$2S = (a+l)n, \text{ ou } S = \frac{(a+l)n}{2}.$$

La somme des termes de la progression

$$\div 3.7.11.15.....31.35, \qquad \text{est}$$

$$S = \frac{(3+35)9}{2} = \frac{38}{2} \times 9 = 19 \times 9 = 171.$$

Remarque. La progression arithmétique commençant par 1 et ayant 2 pour raison, c'est-à-dire la suite des nombres naturels impairs, est telle que la somme de ses n premiers termes est égale à n^2

Remplaçons dans S, l par sa valeur (254);
on a

$$S = \frac{[a+a+(n-1)r]n}{2}$$

Et comme $a = 1$ et $r = 2$,

$$S = \frac{[2+(n-1)2]n}{2} \qquad \text{ou}$$

$$S = (1+n-1)n = n^2$$

Il serait facile de démontrer qu'il n'y a
que cette progression qui jouisse de cette
propriété.

APPLICATION DE LA FORMULE PRÉCÉDENTE.

258 — Soit proposé de trouver le nombre
des termes d'une progression arithmétique
dont on connaît le premier terme, la somme
des termes et la raison.

$$S = \frac{(a+l)n}{2}$$

remplaçant l par sa valeur en fonction du premier terme, du nombre des termes et de la
raison,

$$^{(1)} S = \frac{[a+a+(n-1)r]n}{2} = na + \frac{n(n-1)r}{2}$$

ou $\qquad rn^2 - (r-2a)n - 2S = 0$

On a donc à résoudre une équation du second
degré.

*Quel est le nombre des termes d'une pro-
gression arithmétique dont le premier terme
est 3, la raison 4 et la somme des termes,
465 ?*

On résoudra l'équation

$$n^2 + \frac{n}{2} - \frac{465}{2} = 0,$$

et l'on trouvera pour valeur entière et positive,
15 ; l'autre racine n'étant pas admissible.

---

(1) Voir le N° (266).

AUTRE APPLICATION.

259 — Trouver $2n+1$ termes en progression arithmétique, connaissant la somme de ces termes et celle de leurs carrés.

Si r est la raison, x le terme du milieu, le précédent est $x-r$, l'anté-précédent, $x-2r$...; le suivant, $x+r$; puis, $x+2r$...; et la somme de tous ces termes est $(2n+1)x$.

La somme des carrés est $x^2+(x-r)^2+(x+r)^2+(x-2r)^2+(x+2r)^2+\dots\dots$

Il est facile de voir que les termes tels que $-2r$ et $+2r$; $-4r$ et $+4r$..... provenant des termes symétriquement placés par rapport à x se détruisent et que, finalement, on a pour somme de ces carrés

$$(2n+1)x^2+2(1^2+2^2+3^2+\dots+n^2)r^2=b$$
$$\text{d'ailleurs } (2n+1)x=a$$

En appelant a et b la somme des termes et celle de leurs carrés.

Trouver 7 termes en progression arithmétique, la somme de ces termes étant 105 et la somme de leurs carrés 2023.

On a les 2 équations :

$$7x=105$$
$$7x^2+2(1^2+2^2+3^2)r^2=2023 \qquad \text{ou}$$
$$7x^2+28r^2=2023$$

La première donne $x=15$ et cette valeur portée dans la seconde, la ramène à $4r^2=64$ ou $r^2=16$, et enfin $r=\pm 4$.

Cette progression composée de 7 termes est

$$\div 3.7.11.15.19.23.27.$$

Questions résolues.

1° Soit proposé de trouver la formule qui donne la somme des carrés des n premiers nombres.

Nous avons eu besoin de cette somme au n° (259)

$$1^2 = 1$$
$$2^2 = 1 + 2 \times 1 + 1$$
$$3^2 = 1 + 2 \times 1 + 1 + 2 \times 2 + 1$$
$$4^2 = 1 + 2 \times 1 + 1 + 2 \times 2 + 1 + 2 \times 3 + 1$$
$$5^2 = 1 + 2 \times 1 + 1 + 2 \times 2 + 1 + 2 \times 3 + 1 + 2 \times 4 + 1$$

. . . .

Pour obtenir le carré de 2, au carré de 1 on ajoute $2 \times 1 + 1$ (171). Le carré de 3 s'obtient en ajoutant au carré de 2, $2 \times 2 + 1 \ldots (171)$.

Si, dans le second membre, nous considérons les colonnes d'ordre impair, nous voyons que la première égale n; la seconde, $n - 1$; la troisième, $n - 2 \ldots$ et la dernière, 1. La somme des colonnes d'ordre impair est donc la somme des n premiers nombres ou $\dfrac{n(n+1)}{2}$ (257).

Les colonnes d'ordre pair sont : la première, $2 \times 1(n - 1)$; la seconde, $2 \times 2(n - 2)$; la troisième, $2 \times 3(n - 3) \ldots$ la dernière, $2(n - 1)[n - (n - 1)]$; leur somme est donc

$$2[1(n-1) + 2(n-2) + 3(n-3) + \ldots + (n-1)[n-(n-1)]] \text{ ou}$$
$$2[n - 1^2 + 2n - 2^2 + 3n - 3^2 + \ldots + (n-1)n - (n-1)^2] \text{ ou}$$
$$2[n + 2n + 3n \ldots + (n-1)n] - 2[1 + 2^2 + 3^2 + \ldots + (n-1)^2]$$

On a donc

$$1^2 + 2^2 + 3^2 \ldots + n^2 = \frac{n(n+1)}{2} + 2n[1 + 2 + 3 + \ldots + (n-1)] - 2[1^2 + 2^2 + 3^2 + \ldots + (n-1)^2]$$

ou, faisant passer la dernière parenthèse dans le premier membre et ajoutant $2n^2$ aux deux membres,

$$3(1^2 + 2^2 + 3^2 + \ldots + n^2) = \frac{n(n+1)}{2} + 2n\frac{n(n-1)}{2} + 2n^2$$

réduisant et multipliant, on trouve

$$3(1^2 + 2^2 + 3^2 + \ldots + n^2) = \frac{2n^3 + 3n^2 + n}{2} = \frac{n(2n^2 + 3n + 1)}{2} = \frac{n(n+1)(2n+1)}{2}$$

ou finalement,

$$1^2+2^2+3^3+\ldots+n^2=\frac{n(n+1)(2n+1)}{6}$$

2° Proposons-nous de trouver la formule qui donne la somme des cubes des n premiers nombres.

$$1^3=1$$
$$2^3=1+3\times 1^2+3\times 1+1$$
$$3^3=1+3\times 1^2+3\times 1+1+3\times 2^2+3\times 2+1$$
$$4^3=1+3\times 1^2+3\times 1+1+3\times 2^2+3\times 2+1+3\times 3^2+3\times 3+1$$
$$5^3=1+3\times 1^2+3\times 1+1+3\times 2^2+3\times 2+1+3+3^2+3\times 3+1+3\times 4^2+3\times 4+1 \;^{(1)}$$

. . . .

Comme nous le savons (197) on obtient le cube d'un nombre de ce tableau en ajoutant au cube du nombre précédent, 3 fois le carré de ce nombre précédent, plus 3 fois le nombre précédent, plus une unité. Il résulte du tableau que nous venons d'écrire d'après le théorème (197) que, dans le second membre, les colonnes 1, 4, 7, 10.... sont égales respectivement à n, $n-1$, $n-2$, $n-3$,....., 1 et que leur somme, par conséquent (257), égale $\frac{n(n+1)}{2}$; les colonnes verticales 2, 5, 8, 11..... sont égales respectivement à $3(n-1)1^2$, $3(n-2)2^2$, $3(n-3)3^2$, $3(n-4)4^2$.... $3[n-(n-1)](n-1)^2$.

Enfin les colonnes verticales 3, 6, 9, 12..... donnent respectivement $3(n-1)1$, $3(n-2)2$, $3(n-3)3$..... $3[n-(n-1)](n-1)$.

La somme des colonnes 2, 5, 8, 11..... est

$$3[(n-1)1^2+(n-2)2^2+(n-3)3^2+\ldots+[n-(n-1)](n-1)^2]\quad\text{ou}$$
$$3[n\times 1^2-1^3+n\times 2^2-2^3+n\times 3^2-3^3+\ldots+n(n-1)^2-(n-1)^3]$$
ou
$$(a)\; 3n[1^2+2^2+3^2+\ldots+(n-1)^2]-3[1^3+2^3+3^3\ldots+(n-1)^3]\,;$$

La somme des colonnes 3, 6, 9,..... est

$$3[(n-1)1+(n-2)2+(n-3)3+\ldots+[n-(n-1)](n-1)],\quad\text{ou}$$
$$3[n-1^2+2n-2^2+3n-3^2\ldots+(n-1)n-(n-1)^2],\quad\text{ou}$$
$$(b)\; 3n[1+2+3+\ldots+n-1]-3[1^2+2^2+3^3\ldots+(n-1)^2].$$

---

(1) Dans ce qui suit, le développement de 5^3 est supposé écrit en une seule ligne.

L'équation (b) revient d'après le n° (257) et le problème précédent, à

$$\frac{3n(n-1)n}{2} - 3\frac{(n-1)n(2n-1)}{6} \quad \text{ou à}$$

$$\frac{3n^2(n-1)}{2} - \frac{(n-1)n(2n-1)}{2}$$

La première partie de (a) d'après le problème qui précède est

$$3n\frac{(n-1)n(2n-1)}{6} \quad \text{ou} \quad \frac{n^2(n-1)(2n-1)}{2}$$

On a donc finalement, en faisant passer dans le premier membre la seconde partie de (a) et en ajoutant $3n^3$ aux deux membres,

$$4(1^3+2^3+3^3+\dots+n^3) = 3n^3 + \frac{n(n+1)}{2} + \frac{n^2(n-1)(2n-1)}{2} +$$

$$\frac{3n^2(n-1)}{2} - \frac{(n-1)n(2n-1)}{2}$$

Et, simplifiant,

$$1^3+2^3+4^3+\dots+n^3 = \frac{n^2(n+1)^2}{4}$$

On trouverait, avec la même facilité, la formule qui donne la somme des quatrièmes puissances des n premiers nombres................

On s'appuierait sur ce résultat que donne le calcul

$$(a+b)^4 = a^4 + 4a^3b + 6a^2b^2 + 4ab^3 + b^4$$

. . . .

On peut trouver ces mêmes résultats, auxquels nous venons d'arriver, en faisant la recherche plus générale suivante :

Exercices.

Trouver 1° *la somme des premières puissances*, 2° *la somme des carrés*, 3° *la somme des cubes*, 4° *la somme des quatrièmes puissances,..... des termes d'une progression arithmétique.*

$$\div a.b.c.d\ldots k.l$$

On a, par définition,

$$b = a + r$$
$$c = b + r$$
$$d = c + r$$

$$\cdot$$
$$\cdot$$
$$\cdot$$

$$l = k + r$$

Élevant au carré chaque membre de ces $n-1$ égalités, faisant la somme, membre à membre, et réduisant, on trouve

$$l^2 = a^2 + (n-1)r^2 + 2r(a+b+c\ldots+k)$$

ou, ajoutant $2rl$ aux deux membres,

$$l^2 - a^2 - (n-1)r^2 + 2lr = 2r(a+b+c\ldots+k+l)$$

ou, appelant S_1, cette somme des premières puissances

$$l^2 - a^2 - (n-1)r^2 + 2lr = 2rS_1, \qquad \text{ou}$$

$$(l+a)(l-a) - (n-1)r^2 + 2lr = 2rS_1 \qquad \text{ou}$$

puisque $l-a = (n-1)r$

$$(l+a)(n-1)r - (l-a)r + 2lr = 2rS_1$$

ou, divisant par r et réduisant

$$(l+a)(n-1) + a + l = 2S_1 \qquad \text{ou, enfin,}$$

$$S_1 = \frac{(a+l)n}{2}, \text{ formule connue.}$$

Si l'on cherche la somme des n premiers nombres, $a = 1$ et $l = n$ et l'on a

$$S'_1 = \frac{n(n+1)}{2}$$

formule trouvée plus haut.

Si l'on cherche la somme des carrés des termes de la progression, on élève au cube les $n-1$ égalités écrites ci-dessus.

Ajoutant, membre à membre, ces égalités, et réduisant, on trouve

$$(l^2 + al + a^2)(n-1) + r(a + 2l - 3S_1) + 3l^2 = 3S_2$$

en appelant S_2 la somme cherchée des carrés;

remplaçant r par $\dfrac{l-a}{n-1}$, on a:

$$(l^2+al+2^2)(n-1)+\frac{l-a}{n-1}(a+2l-3S_1)+3l^2=3S_2$$

dans laquelle faisant $a=1$ et $l=n$ on trouve, comme plus haut,

$$S'_2=\frac{n(n+1)(2n+1)}{6}$$

La suite ne présente pas plus de difficulté.

PROGRESSIONS GÉOMÉTRIQUES.

260 — Une progression géométrique est une suite de termes tels que chacun d'eux égale celui qui le précède multiplié par la raison

$$\div 1:2:4:8:16:\ldots$$

est une progression géométrique dont la raison est 2

$$\div 1:\frac{1}{2}:\frac{1}{4}:\frac{1}{8}:\ldots$$

est une progression géométrique dont la raison est $1/2$;

La première est une progression croissante, la raison étant supérieure à 1 et la seconde, dont la raison est moindre que 1, est une progression décroissante.

261 — Soit la progression géométrique

$$\div a:b:c:d:\ldots$$

dont les termes sont a, b, c, $d\ldots$ et q, la raison

Par définition,

$$b=aq$$
$$c=bq=aq\times q=aq^2$$
$$d=cq=aq^2\times q=aq^3$$
$$\cdots\cdots\cdots$$
$$\cdots\cdots\cdots$$

Théorème.

Dans toute progression géométrique, un terme de rang quelconque égale le premier multiplié par la raison à une puissance marquée par le nombre des termes qui le précèdent.

et, par suite, si l est le n^e terme,

$$l = aq^{n-1} ;$$

la progression ci-dessus peut donc s'écrire :

$$\div \; a : aq : aq^2 : aq^3 : \ldots..$$

Corollaires :

Les termes d'une progression géométrique croissante augmentent indéfiniment de manière à surpasser toute grandeur donnée quelque grande qu'elle soit.

262 — I. Puisque la progression considérée est croissante, sa raison, plus grande que l'unité, peut être représentée par $1+\alpha$ [1] et l'on a

$$\div \; 1 : (1+\alpha) : (1+\alpha)^2 : (1+\alpha)^3 : \ldots..$$

en supposant le premier terme égal à l'unité.

Comparons cette progression géométrique à la progression arithmétique

$$\div \; 1 \,.\, 1+\alpha \,.\, 1+2\alpha \,.\, 1+3\alpha \ldots..$$

Il est facile de voir que les termes de la première croissent plus rapidement que ceux de la seconde ; or, (254, cor. I) nous avons démontré qu'on peut prendre n assez grand pour que le n^e terme de la seconde surpasse toute grandeur ; à plus forte raison en est-il dé même de la première.

Les termes de la première croissent plus rapidement que ceux de la seconde :

Dans la seconde progression la différence d'un terme au précédent est égale à α, tandis que dans la première, à partir du second terme, la différence d'un terme à celui qui le précède est supérieure à α.

En effet,

$$(1+\alpha)^{m+1} - (1+\alpha)^m = (1+\alpha)^m (1+\alpha - 1) = \alpha(1+\alpha)^m$$

Et comme $(1+\alpha)^m$ est supérieur à l'unité, il en résulte que la différence d'un terme à celui qui le précède est plus grande que α et que, par suite, la première progression croît plus rapidement que la seconde.

Si entre a et b on insère m moyens géométriques, la raison est

$$\sqrt[m+1]{\frac{b}{a}}$$

II. Il s'agit d'écrire une progression géométrique dont a et b soient les extrêmes et ren-

---

[1] α est évidemment positif.

ferment entre eux m moyens; par suite b est le $(m+2)^e$ terme et, par conséquent,

$$b = aq^{m+1}$$

$$q^{m+1} = \frac{b}{a} \quad \text{et} \quad q = \sqrt[m+1]{\frac{b}{a}}$$

Si l'on veut, par exemple, insérer 5 moyens géométriques entre 3 et 2187, (211), on a

$$q = \sqrt[6]{\frac{2187}{3}} = \sqrt[6]{729}$$

Extrayant de 729 la racine 6e, c'est-à-dire la racine carrée, par exemple, puis la racine cubique, on trouve $q = 3$ et la progression est

$$\div 3 : 9 : 27 : 81 : 243 : 729 : 2187$$

Théorème.
Si a est plus grand que 1, a^n surpasse toute grandeur quand n est suffisamment grand.

263 — Nous allons donner une démonstration directe de la propriété importante démontrée dans le premier corollaire du numéro précédent.

Si a est plus grand que 1, on peut poser

$$a - 1 = \alpha \,^{(1)}. \text{ Multipliant le}$$

premier membre par a, on a

$$a^2 - a > \alpha \quad \text{et, à plus forte}$$

raison et successivement,

$$a^3 - a^2 > \alpha$$
$$a^4 - a^3 > \alpha$$
$$\cdots\cdots$$
$$\cdots\cdots$$
$$a^n - a^{n-1} > \alpha, \quad \text{et faisant,}$$

membre à membre, la somme de ces inégalités,

$$a^n - 1 > n\alpha \qquad \text{ou}$$
$$a^n > n\alpha + 1$$

Soit A une grandeur quelconque aussi grande qu'on le voudra;

Posons

$$n\alpha + 1 > A; \qquad \text{d'où}$$
$$n > \frac{A-1}{\alpha}.$$

---

(1) α est fini et positif.

Et si $n\alpha + 1$ est supérieur à A, à plus forte raison en est-il de même de a^n.

Remarque importante. Cette condition est suffisante, mais non nécessaire.

Étant donnée la progression

$$\div \; 1:1,05:(1,05)^2:(1,05)^3:\ldots..$$

Déterminer par la formule ci-dessus une valeur de x *telle que* $(1,05)^x$ *surpasse* 1000.

$$x > \frac{1000-1}{0,05} \qquad x > \frac{999}{\dfrac{5}{100}}$$

$$x > \frac{999}{\dfrac{1}{20}} \quad \text{ou} \quad x > 19980$$

Encore une fois, il suffit pour que $(1,05)^x$ surpasse 1000 que x soit supérieur à 19980, mais cette condition n'est pas nécessaire.

Corollaires:

a' étant moindre que 1, a'^n est moindre que toute quantité donnée si n est suffisamment grand.

I. Si a' est moindre que 1,

$$a'^n < \varepsilon,$$

ε étant aussi petit qu'on le voudra, mais fini.
a' étant moindre que 1 et $a > 1$, on peut poser

$$a' = \frac{1}{a} \qquad \text{et, par suite,}$$

$$a'^u = \frac{1}{a^u}; \qquad \text{par conséquent,}$$

$$\frac{1}{a^u} < \varepsilon, \text{ ou } a^n > \frac{1}{\varepsilon}$$

ε étant fini, on peut toujours satisfaire à l'inégalité qui précède en vertu du théorème (263).

Écrire une valeur de x *telle que*

$$(0,5)^x < 0,000\,001$$

$$\left(\frac{5}{10}\right)^x < \frac{1}{10^6}, \text{ ou } \left(\frac{10}{5}\right)^x > 10^6, \qquad \text{ou}$$

$2^x > 10^6$. Il suffit (Th. 263) que l'on ait

$$x > \frac{10^6-1}{1} \quad \text{ou} \quad x > 999\,999$$

A plus forte raison si x surpasse 999 999 (condition suffisante).

II. Etant donné un nombre A aussi grand qu'on le voudra, on peut, de ce nombre, extraire une racine d'un ordre assez élevé pour que cette racine, toujours supérieure à l'unité, en diffère d'aussi peu qu'on le voudra.

On peut prendre x assez grand pour avoir
$$\sqrt[x]{A} < 1 + \varepsilon$$

$$\sqrt[x]{A} < 1 + \varepsilon, \qquad\qquad \text{ou}$$

$$A < (1 + \varepsilon)^n \qquad \text{inégalité à}$$

laquelle on peut toujours satisfaire (Th. 263).

Ecrire une valeur de x *telle que l'on ait*

$$\sqrt[x]{10^6} < 1,5$$

Cette inégalité revient à

$(1,5)^x > 10^6$; pour qu'elle soit satisfaite il suffit que l'on ait

$$x > \frac{10^6 - 1}{\dfrac{5}{10}} \text{ ou } x > \frac{9\ 999\ 990}{5}$$

ou $x > 1\ 999\ 998$ (condition suffisante).

L'inégalité ci-dessus est satisfaite, à plus forte raison, si x surpasse cette valeur.

On peut prendre x assez grand pour avoir
$$\sqrt[x]{\frac{1}{A}} > 1 - \varepsilon$$

III. Etant donné un nombre $\dfrac{1}{A}$ aussi petit qu'on le voudra, on peut, de ce nombre, extraire une racine d'un ordre assez élevé pour que cette racine, toujours inférieure à l'unité, s'en approche autant qu'on le voudra

$$\sqrt[x]{\frac{1}{A}} > 1 - \varepsilon \text{ ou } (1 - \varepsilon)^x < \frac{1}{A}$$

inégalité à laquelle on peut toujours satisfaire (263, Cor I.)

Ecrire une valeur de x *telle que l'on ait*

$$\sqrt[x]{\frac{1}{10^6}} > 0,9$$

Cette inégalité revient à

$$(0,9)^x < \frac{1}{10^6} \quad \text{ou} \quad \left(\frac{9}{10}\right)^x < \frac{1}{10^6}$$

Inégalité satisfaite si l'on a (263, Cor. I.)

$$\left(\frac{10}{9}\right)^x > 10^6 \qquad \text{et, pour cela,}$$

$$x > \frac{10^6 - 1}{\frac{1}{9}} \quad \text{ou} \quad x > 999\ 999 \times 9$$

Remarque. Il résulte du Corollaire I du théorème qui vient de nous occuper, que dans une progression géométrique décroissante, on peut prendre n assez grand pour que le n^e terme soit plus petit que toute quantité donnée quelque petite qu'elle soit.

Ainsi si q est moindre que l'unité,

q^n est moindre que toute quantité donnée quelque petite qu'elle soit, si n est suffisamment grand.

Il est facile de conclure pour $\frac{1}{10}$ que nous

avons rencontré (157) et (158).

Théorème.

Les progressions partielles résultant de l'insertion d'un même nombre de moyens géométriques entre les termes consécutifs d'une progression géométrique forment une seule et même progression.

264—Soit la progression

$$\div \ a : b : c : d : \ldots \ldots$$

Entre les termes consécutifs de laquelle on insère m moyens : la raison de la progression dont a et b sont les extrêmes est

$$\sqrt[m+1]{\frac{b}{a}}\ ;$$

Celle dont b et c sont les extrêmes, est

$$\sqrt[m+1]{\frac{c}{b}}\ \ldots \ldots\ ;$$

mais, par définition,

$$b = aq, \text{ d'où } q = \frac{b}{a}\ ;$$

$$c = bq, \text{ d'où } q = \frac{c}{b} ; \ldots$$

donc
$$\frac{c}{b} = \frac{b}{a} \quad \text{et, par conséquent,}$$

$$\sqrt[m+1]{\frac{c}{b}} = \sqrt[m+1]{\frac{b}{a}}$$

On voit que ces quantités sont égales à

$$\sqrt[m+1]{\frac{d}{c}}, \quad \sqrt[m+1]{\frac{e}{d}}, \ldots$$

Ces progressions partielles ont donc même raison, et si l'on remarque que le dernier terme de l'une est le premier de la suivante, on conclut qu'elles ne forment qu'une seule et même progression.

Théorème.
Dans toute progression géométrique le produit de deux termes également distants des extrêmes est constant.

265 — Soit la progression

$$\div a : b : c : \ldots \ldots : i : k : l$$

Le produit de deux termes également distants des extrêmes est constant et égal au produit (al) des extrêmes.

En effet,

$$b = aq ; \qquad l = kq \quad \text{et, par conséquent,}$$

$$k = \frac{l}{q} \qquad \text{Faisant le produit, membre}$$

à membre, des égalités 1 et 3, on a

$$bk = al$$

De même

$$c = aq^2 \qquad \text{et } l = iq^2 \qquad \text{et, par suite,}$$

$$i = \frac{l}{q^2} \qquad \text{et, faisant le produit, membre}$$

à membre,

$$ci = al$$

En général soient e, g deux termes tels que le premier en ait m avant lui et le second, m après lui ;

Par définition,

$$e = aq^{m-1} \qquad l = gq^{m-1} ; \text{ par conséquent,}$$

$$g = \frac{l}{q^{m-1}}.$$ Faisant le produit, membre à membre,

$$eg = al.$$

Ainsi dans la progression

$$\div\ 3:12:48:192:768:3072:12288,$$

Le produit de deux termes également distants des extrêmes, égale 36864, le produit des extrêmes. C'est le carré du terme du milieu 192, cette progression ayant un nombre impair de termes.

266 — Soit la progression

$$\div\ a:b:c:\ldots\ldots:i:k:l$$

En appelant P le produit de ces termes, on a

$$P = abc\ldots ikl, \qquad\qquad \text{et,}$$
$$P = lki\ldots cba.$$

Appelant n le nombre des termes de cette progression, multipliant, membre à membre, ces deux inégalités et tenant compte du théorème précédent, on a

$$P^2 = al \times al \times al\ldots\ldots \times al \times al \times al, \qquad \text{ou}$$
$$P^2 = (al)^n \quad \text{d'où} \quad P = \sqrt{(al)^n}$$

Remarque. La valeur de ce produit en fonction du premier terme, du nombre des termes et de la raison, est rationnelle :

Remplaçant l par sa valeur aq^{n-1}, on a

$$P = \sqrt{a^{2n}q^{n(n-1)}} = a^n\ q^{\frac{n(n-1)}{2}}$$

le produit de ces deux nombres consécutifs, n et $n-1$ étant évidemment pair.

De même S du numéro (258) est évidemment un nombre entier [1] quand cette somme est fonction du premier terme, du nombre des termes et de la raison.

Théorème.

Le produit des termes d'une progression géométrique égale la racine carrée du produit des extrêmes élevé à une puissance marquée par le nombre des termes.

---

[1] a et r étant entiers.

La somme des termes de la progression géométrique

$$\div \; a:b:c:\ldots\ldots:k:l$$

est égale à $\frac{a-lq}{1-q}$.

267 — Soit la progression

$$\div \; a:b:c:\ldots\ldots:i:k:l.$$

En apelant S la somme des termes de cette progression,

$$S = a+b+c\ldots\ldots+i+k+l. \quad \text{On a aussi}$$
$$Sq = b+c+d\ldots\ldots+k+l+lq,$$

en multipliant par q les deux membres de l'égalité précédente.

Retranchant, membre à membre, la seconde égalité de la première,

$$S - Sq = a - lq \quad \text{ou} \quad S(1 - q) = a - lq;$$

d'où

$$S = \frac{a-lq}{1-q}.$$

En retranchant la première égalité de la seconde, on trouve

$$S = \frac{lq-a}{q-1}$$

On emploie la première somme quand la progression est décroissante et la seconde formule si la progression est croissante.

La somme des termes de la progression

$$\div \; 3:12:48:192:768:3072, \quad \text{est,}$$

d'après la seconde formule,

$$S = \frac{3072\times 4 - 3}{4-1} = \frac{12285}{3} = 4095$$

Remarque. La progression considérée peut s'écrire

$$\div \; a:aq:aq^2:\ldots\ldots:aq^{n-3}:aq^{n-2}:aq^{n-1}$$

On a donc

$$S = a+aq+aq^2+\ldots+aq^{n-3}+aq^{n-2}+aq^{n-1}$$
ou
$$S = a(1+q+q^2+\ldots+q^{n-3}+q^{n-2}+q^{n-1})$$

Et comme la parenthèse est le quotient de $1 - q^n$ par $1 - q$, il en résulte que

$$S = \frac{a(1-q^n)}{1-q} \quad ^{(1)}$$

que l'on peut écrire

$$S = \frac{a(q^n-1)}{q-1} ,$$

si la progression est croissante.

La limite de la somme des termes d'une progression géométrique décroissante indéfiniment prolongée est égale au premier terme divisé par l'unité moins la raison.

263 — Ainsi la limite de la somme des termes de la progression géométrique décroissante

$$\div a : b : c : d : \ldots\ldots ,$$

indéfiniment prolongée, est

$$\frac{a}{1-q}.$$

En effet, nous venons de voir que la somme des n premiers termes de cette progression est donnée par la formule

$$S = \frac{a-aq^n}{1-q} \text{ ou } \frac{a}{1-q} - \frac{a}{1-q} \times q^n ;$$

mais, d'après l'hypothèse, q est moindre que 1 ; donc q^n (263, cor. I), en prenant n suffisamment grand, devient plus petit que toute quantité donnée, quelque petite qu'elle soit ; donc, à la limite, q^n multiplié par la quantité

---

(1) Si dans cette formule on fait $q = 1$, il vient $S = \frac{0}{0}$, forme indéterminée provenant de la présence du facteur $1 - q$ qui s'annule pour $q = 1$. On a, en effet, comme nous l'avons dit plus haut,

$$S = \frac{a(1-q)(1+q+q^2+\ldots\ldots+q^{n-1})}{1-q} \text{ ou }$$

$$S = a(1+q+q^2+q^3+\ldots\ldots+q^{n-1})$$

et si maintenant l'on fait $q = 1$, on a

$$S = a(1+1+1+\ldots\ldots+1) \quad \text{ou}$$

$S = na$, comme on pouvait s'y attendre.

finie $\dfrac{a}{1-q}$, doit être négligé et l'on a finalement

$$S = \dfrac{a}{1-q}$$

Applications :

1° La somme des termes de la progression

$$\div\ 1 : \dfrac{1}{2} : \dfrac{1}{4} : \dfrac{1}{8} : \dots\dots,$$

indéfiniment prolongée, est

$$S = \dfrac{1}{1-\dfrac{1}{2}} = \dfrac{1}{\dfrac{1}{2}} = 2$$

2° La somme des termes de la progression

$$\div\ 1 : -\dfrac{1}{3} : \dfrac{1}{9} : -\dfrac{1}{27} : \dfrac{1}{81} : \dots\dots$$

dont la raison est $-\dfrac{1}{3}$, est

$$S = \dfrac{1}{1+\dfrac{1}{3}} = \dfrac{1}{\dfrac{4}{3}} = \dfrac{3}{4}$$

3° Une fraction décimale périodique est la somme des termes d'une progression géométrique décroissante. On pourra donc déterminer la génératrice d'une telle fraction en se servant de la formule précédente :

0,18 18 18 18....., par exemple, peut s'écrire

$$\dfrac{18}{100} + \dfrac{18}{100^2} + \dfrac{18}{100^3} + \dfrac{18}{100^4} + \dots\dots$$

Cette fraction est donc la somme des termes d'une progression géométrique décroissante dont le premier terme est $\dfrac{18}{100}$ et la raison $\dfrac{1}{100}$;

la somme des termes de cette progression, ou
la génératrice cherchée, est donc

$$S = \dfrac{\dfrac{18}{100}}{1 - \dfrac{1}{100}} = \dfrac{\dfrac{18}{100}}{\dfrac{100-1}{100}} = \dfrac{\dfrac{18}{100}}{\dfrac{99}{100}} = \dfrac{18}{99}$$

Cette génératrice est donc $\dfrac{18}{99}$ ou $\dfrac{2}{11}$.

*4° Formule qui donne la somme des divi-
seurs d'un nombre.*

Soit le nombre $a^\alpha b^\beta c^\gamma$, décomposé en ses
facteurs premiers.

Nous avons vu (103) que le nombre des diviseurs de ce nombre est égal à

$$(\alpha+1)(\beta+1)(\gamma+1)$$

Et nous cherchons la somme de ces diviseurs.

Les diviseurs relatifs à a sont

$1, a, a^2 \dots a^\alpha$; leur somme est donc (267)

$$\frac{a^{\alpha+1}-1}{a-1} = S$$

Les diviseurs relatifs à b sont

$$1, b, b^2, b^3 \dots\dots b^\beta$$

Leur somme est

$$\frac{b^{\beta+1}-1}{b-1} = S'$$

Or, $(1+a+a^2+\dots+a^\alpha)(1+b+b^2+\dots b^\beta)$
est, évidemment, la somme des diviseurs relatifs à a et à b. Cette somme est donc

$$S \times S'$$

Enfin les diviseurs relatifs à c sont

$$1, c, c^2, c^3 \dots c^\gamma,$$

dont la somme est

$$\frac{c^{\gamma+1}-1}{c-1} = S''$$

La somme de tous les diviseurs étant, évidemment,

$$S \times S'(1+c+c^2+c^3\ldots+c^\gamma),$$

on a, pour la formule cherchée,

$$S \times S' \times S''$$

C'est-à-dire le produit des sommes relatives à chacun des facteurs premiers.

Nous cherchons la somme des diviseurs de 360.

$$360 = 2^3 \times 3^2 \times 5 \, ;$$

$$S = \frac{2^{3+1}-1}{2-1} = 15$$

$$S' = \frac{3^{2+1}-1}{3-1} = 13$$

$$S'' = \frac{5^{1+1}-1}{5-1} = 6$$

La somme des diviseurs de 360 est donc

$$15 \times 13 \times 6 \qquad\text{ou}$$

$$1170$$

5° *Formule qui donne le produit des diviseurs d'un nombre.*

Soit $a^\alpha b^\beta c^\gamma$ le nombre proposé

Le produit de ses diviseurs est

$$\left[\left(\sqrt{a^{\alpha(\alpha+1)}}\right)^{\beta+1}\right]^{\gamma+1} \times \left[\left(\sqrt{b^{\beta(\beta+1)}}\right)^{\gamma+1}\right]^{\alpha+1} \times$$

$$\left[\left(\sqrt{c^{\gamma(\gamma+1)}}\right)^{\alpha+1}\right]^{\beta+1} \qquad\text{ou}$$

$$\left(P^{\beta+1}\right)^{\gamma+1} \times \left(P'^{\gamma+1}\right)^{\alpha+1} \times \left(P''^{\alpha+1}\right)^{\beta+1}$$

en représentant par P, P', P'' les produits des diviseurs relatifs exclusivement à a, b, c.

Nous allons le démontrer :

Les diviseurs relatifs à a sont 1, a, a^2, $a^3\ldots$ a^α ; leur produit est $\sqrt{(a^\alpha)^{\alpha+1}}$ (266), produit que nous appelons P et dont nous allons particulièrement nous occuper.

Si l'on multiplie ces $\alpha+1$ nombres ou diviseurs différents par b^m (m *étant l'un quelconque des exposants de* b), on obtient $\alpha+1$ nombres ou diviseurs différents dont le produit est $b^{m(\alpha+1)} \times P$.

En donnant à m toutes les valeurs 1, 2, 3,.. β, on obtient β produits renfermant tous ce facteur P ; le produit de P par ces β produits est donc $P^{\beta+1}$ multiplié par un facteur qui ne renferme que b.

Si l'on multiplie les $(\alpha+1)(\beta+1)$ premiers nombres ou diviseurs différents (103) par c^n (n *étant l'un quelconque des exposants de* c), on obtient $(\alpha+1)(\beta+1)$ diviseurs dont le produit est $c^{n(\alpha+1)(\beta+1)} P^{\beta+1}$. Ce produit étant multiplié par des facteurs ne renfermant que b.

Donnant à n les valeurs 1, 2, 3,... γ, on obtient ainsi γ produits renfermant tous $P^{\beta+1}$ et d'autres facteurs ne renfermant que b et c ; leur produit est donc $(P^{\beta+1})^\gamma$ qui, multiplié par $P^{\beta+1}$, donne finalement

$$(P^{\beta+1})^{\gamma+1}$$

Ce qui est vrai pour le facteur a étant évidemment vrai pour les autres, on a bien pour produit des diviseurs du nombre proposé

$$P^{(\beta+1)(\gamma+1)} \times P'^{(\gamma+1)(\alpha+1)} \times P''^{(\alpha+1)(\beta+1)}$$

Ainsi le produit des diviseurs de 360 qui égale $2^3 \times 3^2 \times 5$, est

$$\left[\left(\sqrt{2^{3 \times 4}} \right)^{2+1} \right]^{1+1} \times \left[\left(\sqrt{3^{2 \times 3}} \right)^{1+1} \right]^{3+1} \times$$

$$\left[\left(\sqrt{5^2} \right)^{3+1} \right]^{2+1} \qquad \text{ou}$$

$$\left[\left(2^{6}\right)^{2+1}\right]^{1+1} \times \left[\left(3^{3}\right)^{1+1}\right]^{3+1} \times \left(5^{3+1}\right)^{2+1}.$$

On trouve

4 738 381 338 321 616 896 000 000 000 000

DES LOGARITHMES.

Définition.

263 — Etant données deux progressions se correspondant terme à terme et telles que la progression géométrique ait l'unité pour l'un de ses termes et que la progression arithmétique ait o pour terme correspondant, chaque terme de la progression arithmétique est dit le logarithme du terme correspondant de la progression géométrique.

$$\div \ldots : \frac{1}{a^{2}} : \frac{1}{a} : 1 : a : a^{2} : a^{3} : \ldots \ldots$$

$$\div \ldots -2b. -b.o.b.2b.3b \ldots \ldots$$

Ces deux progressions représentent un système de logarithmes. Ordinairement on suppose que les termes de chacune peuvent augmenter indéfiniment, c'est-à-dire que la raison de la première est plus grande que l'unité : celle de la seconde est positive ainsi que celle de la première.

Théorème.
Tout nombre a un logarithme.

270 — Nous allons démontrer qu'entre deux termes consécutifs de la progression géométrique on peut insérer assez de moyens pour que la progression résultante (264) contienne tous les nombres avec une approximation aussi grande qu'on le voudra.

Ainsi je dis qu'un nombre quelconque positif A est dans la progression ou qu'il diffère aussi peu qu'on le voudra d'un des termes de cette progression.

Si l'on insère $m-1$ moyens entre deux

termes de la progression, la raison (262, Cor. II) est

$$q = \sqrt[m]{a}$$

La raison de la progression arithmétique correspondante est

$$\frac{b}{m} = r \quad (254, \text{ Cor. II}).$$

Les deux nouvelles progressions sont

$$\div \ldots : \frac{1}{q^2} : \frac{1}{q} : 1 : q : q^2 : q^3 : \ldots \ldots$$

$$\div \ldots -2r. -r.o.r.2r.3r\ldots\ldots$$

Si A est dans la progression géométrique, le théorème est démontré.

Si A n'est pas dans la progression géométrique, il est compris entre deux termes de cette progression : soient q^n et q^{n+1} ces deux termes. Il suffit évidemment de faire voir que la différence entre ces deux termes peut devenir aussi petite qu'on le voudra.

Cette différence est

$$q^{n+1} - q^n = q^n(q-1).$$

On doit avoir $q^n(q-1) < \varepsilon$, ε étant aussi petit qu'on le voudra ; ce qui sera vrai *à fortiori* si l'on a

$A(q-1) < \varepsilon$, puisque A, d'après notre hypothèse, est plus grand que q^n.

Cette inégalité s'écrit

$$q - 1 < \frac{\varepsilon}{A},$$ ou, remplaçant q par sa valeur écrite plus haut,

$$\sqrt[m]{a} < 1 + \frac{\varepsilon}{A}, \quad \text{inégalité à}$$

laquelle (363, Cor. II) on peut toujours satisfaire :

Il en résulte que la différence entre deux termes consécutifs pouvant être rendue aussi petite qu'on le voudra, la différence entre A et l'un de ces deux termes est *à fortiori* moindre que toute quantité donnée quelque petite qu'elle soit. On pourra donc prendre pour A soit q^n, soit q^{n+1}; et, comme à chaque terme de la progression géométrique correspond un terme dans la progression arithmétique, on conclut que tout nombre a un logarithme avec une approximation aussi grande qu'on le veut.

Remarquons d'ailleurs que si q^n et q^{n+1} diffèrent d'aussi peu qu'on le voudra, à plus forte raison en est-il de même des logarithmes de ces deux nombres, puisque (262, Cor. I) la différence entre deux termes de la progression arithmétique est toujours moindre que la différence entre les deux termes correspondants de la progression géométrique. Cette remarque importante est évidente puisqu'on part pour les logarithmes vulgaires, par exemple, des progressions

$$\div\ 1 : 10 : 100 : \ldots\ldots$$
$$\div\ 0\ .\ 1\ .\ 2\ .$$

Nous avons défini les logarithmes par deux progressions, la première géométrique ayant l'unité pour l'un de ses termes et la progression arithmétique ayant le terme 0 correspondant au terme 1 de la progression géométrique. Cette condition est suffisante; nous allons démontrer qu'elle est nécessaire pour l'usage des logarithmes.

Théorème.

Pour que le produit de deux termes d'une progression géométrique soit l'un des termes de cette progression, il faut qu'elle ait l'unité pour l'un de ses termes

271 — Soit la progression

$$\div\ a : aq : aq^2 : aq^3 : \ldots\ldots$$

Et soient les 2 termes aq^m et aq^n; leur produit est $a^2 q^{m+n}$.

Ce produit devant être l'un des termes de la progression, il faut qu'on puisse avoir, par exemple,

$$a^2\, q^{m+n} = aq^r, \qquad\qquad \text{ou}$$

$$\frac{a^2}{a} = q^{r-m-n}, \qquad\qquad \text{ou}$$

$$a = q^{r-m-n}$$

r, m et n sont des nombres entiers quelconques, positifs, nuls ou négatifs.

Si cette différence $r-m-n$ était nulle, le théorème serait démontré; supposons-la positive: $r-m-n$ étant un nombre entier, le terme de la progression qui occupe le $(r-m-n)^e$ rang avant ce terme aq^{r-m-n}, a pour exposant, $r-m-n$ diminué de $r-m-n$, ou zéro; donc l'un des termes est q^o ou 1.

Si la différence était négative, ce serait le $(r-m-n)^e$ terme après le terme considéré qui serait q^o ou 1.

Théorème.

Pour que la somme de deux termes d'une progression arithmétique soit l'un des termes de cette progression, il faut que zéro soit l'un des termes de cette progression.

272 — Soit la progression

$$\div \; a.a+r.a+2r.a+3r\ldots$$

et soient les 2 termes

$$a+mr \text{ et } a+nr \qquad \text{dont la somme est}$$
$$2a+(m+n)r$$

Cette somme devant se trouver dans la progression, il faut qu'on puisse avoir

$$2a+(m+n)\,r = a+pr, \quad \text{par exemple, ou}$$
$$a = (p - m - n)r$$

m, n, p étant entiers, $p - m - n$ est un nombre entier. Si cette différence était nulle le théorème serait démontré.

Nous la supposons positive : le $(p-m-n)^e$ terme avant le terme considéré est égal à $(p-m-n)r$ diminué de $(p-m-n)$ fois la raison. Ce terme est donc zéro.

Ce serait le $(p-m-n)^e$ terme après le terme considéré qui serait zéro, si cette différence était négative.

Théorème.

Etant données deux progressions: l'une géométrique ayant l'unité pour l'un de ses termes, l'autre arithmétique ayant pour l'un de ses termes zéro, pour que le produit de deux termes de la progres-

273 — Soit la progression

$$\div \; 1 : q : q^2 : q^3 : q^4 :\ldots \quad \text{et}$$
$$\div \; a.a+r.a+2r.a+3r.a+4r\ldots,$$

la progression arithmétique correspondante.

Soient q^m et q^n les deux termes dont nous faisons le produit.

sion géométrique et la somme des 2 termes correspondants de la progression arithmétique se correspondent dans les deux progressions, il faut que le terme zéro de la progression arithmétique corresponde au terme 1 de la progression géométrique.

Dans la progression arithmétique, le terme correspondant à q^m est $a+mr$; le terme correspondant à q^n, est $a+nr$.

Or, $q^m \times q^n = q^{m+n}$ et le terme correspondant à q^{m+n} est $a+(m+n)r$. Il faut donc que

$$a+mr+a+nr = a+(m+n)r \qquad \text{ou}$$

$$2a+(m+n)r = a+(m+n)r; \qquad \text{égalité}$$

qui ne peut avoir lieu que si $a=o$.

Donc zéro est le terme de la progression arithmétique qui correspond au terme 1 de la progression géométrique.

Propriétés fondamentales des Logarithmes.

Théorème.

Le logarithme d'un produit de plusieurs facteurs égale la somme des logarithmes de ces facteurs.

274 — Soit le système des deux progressions

$$\div\ 1 : q : q^2 : q^3 : \ldots\ldots$$

$$\div\ o . r . 2r . 3r \ldots\ldots$$

qui constituent, comme nous l'avons vu, un système de logarithmes (269).

Considérons d'abord un produit de 2 facteurs $A \times B$. D'après le numéro (270) ces deux nombres sont dans la progression géométrique ou en diffèrent aussi peu qu'on le veut. Nous sommes donc en droit de poser, par exemple,

$$A = q^m$$
$$B = q^n; \qquad\qquad \text{par suite,}$$
$$A \times B = q^m \times q^n = q^{m+n}.$$

Le logarithme de q^m est mr; celui de q^n est nr et le logarithme de q^{m+n} est $(m+n)r$ (269) et (273). Par définition, le logarithme de $A \times B$ est donc $(m+n)r$, c'est-à-dire, la somme des logarithmes des deux facteurs.

Considérons un produit de 3 facteurs, $A \times B \times C$.

$$A \times B \times C = (A \times B)C \quad \text{et, d'après ce que}$$
nous venons de dire,

$$\log. (A \times B)C = \log. (A \times B) + \log. C;$$
par suite,

$$\log.^{(1)} A \times B \times C = \log. A + \log. B + \log. C,$$

Il est clair qu'on peut étendre ce théorème à un nombre quelconque de facteurs.

<table>
<tr><td valign="top">

Corollaires :

Le logarithme d'un quotient égale le logarithme du dividende, moins le logarithme du diviseur.

</td><td valign="top">

I. Ainsi $\log. \dfrac{A}{B} = \log. A - \log. B.$

En effet, soit q le quotient de A par B; on a

$$\frac{A}{B} = q \text{ ou } A = Bq \qquad \text{et, d'après}$$

le théorème démontré,

$$\log. A = \log. B + \log. q;$$

donc $\log. q = \log. \dfrac{A}{B} = \log. A - \log. B.$

</td></tr>
<tr><td valign="top">

Le logarithme d'une puissance d'un nombre égale le logarithme de ce nombre multiplié par l'indice de la puissance de ce nombre.

</td><td valign="top">

II. Ainsi $\log. A^n = n \log. A.$
En effet,

$$A^n = A \times A \times A \times \ldots \times A,$$

C'est-à-dire, égale le produit formé du facteur A pris n fois et, d'après le théorème précédent,

$$\log. A^n = \log. A + \log. A + \log. A + \ldots + \log. A.$$

Log. A est pris autant de fois que le facteur A entre dans A^n, c'est-à-dire n fois;

donc $\log. A^n = n \log. A.$

</td></tr>
<tr><td valign="top">

Le logarithme de la racine n^e d'un nombre égale le n^e du logarithme de ce nombre.

</td><td valign="top">

III. Ainsi $\log. \sqrt[n]{A} = \dfrac{\log. A}{n}$

En effet, posons $\sqrt[n]{A} = R$. Cette égalité

</td></tr>
</table>

---

(1) Log. abréviation de logarithme.

donne $A = R^n$ et, d'après le corollaire qui précède,

$$\log. A = n \log. R, \qquad \text{ou}$$

$$\log. R = \frac{\log. A}{n}$$

Remarque. Il résulte des corollaires 2 et 3,

1° Que le logarithme du carré, du cube...., de la n° puissance d'un nombre égale le logarithme de ce nombre pris 2, 3...., n fois ;

2° Que le logarithme de la racine carrée, cubique...... n° d'un nombre, égale le logarithme de ce nombre divisé par 2, 3,...., n.

Nous nous sommes rendu compte de la nécessité, pour l'usage des logarithmes, de les définir comme nous l'avons fait ; avant de nous occuper des logarithmes vulgaires, nous allons établir quelques autres théorèmes sur les logarithmes en général.

Théorème.

Le logarithme d'un nombre est l'exposant de la puissance, à laquelle il faut élever une quantité constante pour obtenir le nombre proposé.

275 — Prenons les deux progressions

$$\div \ldots \cdot \overset{-2}{q} : \overset{-1}{q} : 1 : q : \overset{2}{q} : \overset{3}{q} : \ldots$$

$$\div \ldots -2r . -r . o . r . 2r . 3r \ldots$$

En posant $mr = 1$ et $q^m = a$, ce qui donne $\frac{1}{m} = r$ et $q = a^{\frac{1}{m}} = a^r$; ces deux progressions s'écrivent

$$\div \ldots : \overset{-2r}{a} : \overset{-r}{a} : 1 : \overset{r}{a} : \overset{2r}{a} : \overset{3r}{a} : \ldots$$

$$\div \ldots -2r . -r . o . r . 2r . 3r \ldots$$

Et, comme nous le voyons, le logarithme d'un nombre quelconque est l'exposant de la puissance à laquelle il faut élever une quantité constante a pour obtenir le nombre proposé.

Ce nombre constant a est la base du système de logarithmes. Dans les logarithmes vulgaires cette base est 10.

276 — Nous ne considérerons pas le cas où la base serait fractionnaire.

Nous supposons la base b un nombre entier et, par conséquent, plus grande que l'unité.

Si le logarithme de A est commensurable nous pouvons le mettre sous la forme $\dfrac{m}{n}$, m et n étant entiers.

Par hypothèse, nous avons

$$\log. A = \frac{m}{n},$$

et, d'après le théorème (275),

$$A = b^{\frac{m}{n}},$$ où
$$A^n = b^m.$$

Si A est plus grand que 1, $\dfrac{m}{n}$ est positif, par suite, m et n sont de même signe : nous les supposons positifs.

b^m est un nombre entier; donc A^n est un nombre entier; donc A est un nombre entier [1].

Cette dernière égalité nous apprend aussi que tout nombre premier qui divise la base divise aussi A, car tout nombre premier qui divise b^m divise b (98) et tout nombre premier qui divise A^n, divise A : donc les facteurs premiers de A sont les mêmes que ceux de la base.

Soit $$b = \alpha^\mu \beta^\nu,$$ et
$$A = \alpha^{\mu'} \beta^{\nu'}$$

---

[1] Pour que A^n soit entier, il faut que A soit entier. En effet, si A n'est pas entier, il est de la forme $\dfrac{c}{d}$, c et d étant premiers entre eux; par suite, $A^n = \dfrac{c^n}{d^n}$; mais c^n et d^n sont aussi premiers entre eux (98); donc A^n n'est pas un nombre entier.

L'égalité ci-dessus devient

$$\alpha^{\mu' n} \beta^{\nu' n} = \alpha^{\mu m} \beta^{\nu m}$$

Egalité qui exige que l'on ait

$$\mu' n = \mu m \quad \text{ou} \quad \frac{\mu'}{\mu} = \frac{m}{n}, \qquad \text{et}$$

$$\nu' n = \nu m \quad \text{ou} \quad \frac{\nu'}{\nu} = \frac{m}{n};$$

On a donc

$$\frac{\mu'}{\mu} = \frac{\nu'}{\nu}.$$

Il faut donc que les exposants de A soient proportionnels à ceux de la base.

Ainsi pour que le logarithme d'un nombre plus grand que 1 soit commensurable, il faut que ce nombre soit entier, qu'il soit composé des mêmes facteurs premiers que la base et que les exposants de ces facteurs premiers soient proportionnels à ceux de la base.

Telles sont les conditions nécessaires :

Elles sont suffisantes.

En effet, si l'on a

$$A = \alpha^{\mu'} \beta^{\nu'}, \qquad b = \alpha^{\mu} \beta^{\nu}$$

et

$$\frac{\mu'}{\mu} = \frac{\nu'}{\nu}$$

$$A^{\frac{\mu}{\mu'}}, \qquad \text{par exemple, égale la base :}$$

$$A^{\frac{\mu}{\mu'}} = \left(\alpha^{\mu'} \beta^{\nu'}\right)^{\frac{\mu}{\mu'}} \quad \text{ou} \quad \alpha^{\mu} \beta^{\frac{\mu \nu'}{\mu'}} = \alpha^{\mu} \beta^{\nu} = b;$$

car, d'après la dernière égalité ci-dessus, $\frac{\mu \nu'}{\mu'}$ égale ν.

Par conséquent, $A^{\frac{\mu}{\mu'}} = b$; donc A a un logarithme commensurable $\frac{\mu'}{\mu}$.

Si A est moindre que l'unité, comme nous

supposons toujours la base un nombre entier,
$\frac{m}{n}$ est négatif. Supposons m négatif : on a

$$A = b^{-\frac{m}{n}} \text{ (mettant le signe en évidence) ou}$$

$$A = \frac{1}{b^{\frac{m}{n}}}, \qquad\qquad \text{ou}$$

$$A^n = \frac{1}{b^m}$$

Egalité qui exige que A soit une fraction
ayant l'unité pour numérateur et pour dénominateur, un nombre contenant les mêmes facteurs premiers que b.

On arrive, comme plus haut, à ces conséquences :

$$A = \frac{1}{\alpha^{\mu'} \beta^{\nu'}} \quad \text{et} \quad A^n = \frac{1}{\alpha^{\mu'n} \beta^{\nu'n}}, \qquad b$$

étant toujours égal à $\alpha^\mu \beta^\nu$ et, par suite, b^m égal
à $\alpha^{\mu m} \beta^{\nu m}$. Donc

$$\mu' n = \mu m \quad \text{et} \quad \nu' n = \nu m, \qquad \text{ou}$$

$$\frac{\mu'}{\mu} = \frac{m}{n} \quad \text{et} \quad \frac{\nu'}{\nu} = \frac{m}{n}. \qquad \text{ou}$$

$$\frac{\mu'}{\mu} = \frac{\nu'}{\nu}$$

Ainsi, d'après ce que nous avons démontré,
si $b = 10$ et si A est plus grand que l'unité,
ces conditions sont :

$$\alpha = 2, \ \beta = 5$$

La valeur de A qui est $\alpha^{\mu'}.\beta^{\nu'}$ devient $2^{\mu'} 5^{\nu'}$
et comme $\mu = \nu$, $\mu' = \nu'$; et, par suite,

$$A = 2^{\mu'}.5^{\mu'} \quad \text{ou} \quad 10^{\mu'}$$

Si A est moindre que l'unité, on a

$$A = \frac{1}{2^{\mu'}.5^{\mu'}}, \quad \text{ou} \quad A = \frac{1}{10^{\mu'}}.$$

Ainsi, dans le cas des logarithmes vulgaires, c'est-à-dire, quand b, la base, égale 10, un nombre n'a un logarithme commensurable qu'autant qu'il est une puissance entière de la base.

Le numéro (274) et ses corollaires nous ont appris que la multiplication est remplacée par l'addition des logarithmes des facteurs et que l'élévation à une puissance est remplacée par la multiplication du logarithme du nombre que l'on veut élever à cette puissance, par l'indice de cette puissance. La division est remplacée par la soustraction et l'extraction d'une racine par une division. C'est là un service immense rendu à la science par les logarithmes, l'une des merveilles de l'intelligence humaine [1].

LOGARITHMES DONT LA BASE EST 10.

277 — Les logarithmes généralement employés et qu'on appelle, pour cette raison, logarithmes vulgaires, sont définis par les progressions :

$$\div \ldots : \frac{1}{10^2} : \frac{1}{10} : 1 : 10 : 10^2 : 10^3 : \ldots$$

$$\div \ldots -2 . -1 . 0 . 1 . 2 . 3 \ldots$$

Nous voyons que 10 est le nombre dont le logarithme est 1, c'est la base. Nous voyons aussi, comme nous l'avons démontré au numéro (275), qu'un nombre a pour logarithme l'exposant de la puissance de 10 qui lui est égale. Ainsi 10 ou 10^1 a pour log. 1 ; 100 ou 10^2 a pour log. 2 ; 1000 ou 10^3 a 3 pour log. De même $\frac{1}{100}$, par exemple, ou $\frac{1}{10^2}$, a -2 pour logarithme.

---

(1) On les doit à Néper, baron écossais, qui les publia au commencement du xviie siècle.

Ce système de logarithmes est aussi appelé *Logarithmes de Briggs :* Ce fut lui qui, le premier, publia en 1624, les logarithmes dont la base est 10.

Caractéristique.   **278** — Généralement, un logarithme a une partie entière : on l'appelle caractéristique du logarithme. Ainsi le logarithme de 10 ou de 10^1 étant 1 ; celui de 100 ou de 10^2 étant 2, tout nombre compris entre 10 et 100 a un logarithme composé de la partie entière 1 et d'une partie décimale. 1 caractérise la position du nombre donné compris entre 10^1 et 10^2. De même un logarithme ayant, pour partie entière, 2, par exemple, fait connaître que ce nombre est compris entre 100 et 1000 ou entre 10^2 et 10^3.

On peut encore dire que la caractéristique fait connaître les plus hautes unités de la partie entière du nombre proposé ou indique le nombre des chiffres qu'elle contient : En effet, le logarithme de 10^n étant n, tout nombre compris entre 10^n et 10^{n+1}, c'est-à-dire, tout nombre dont la partie entière est composée de $n+1$ chiffres, a n pour caractéristique, ou, généralement, la partie entière d'un nombre a un chiffre de plus qu'il n'y a d'unités dans la caractéristique de son logarithme.

La caractéristique, comme nous venons de le dire, marque entre quelles deux puissances consécutives de la base se trouve le nombre considéré. Si ce nombre est moindre que l'unité, il a une caractéristique négative et fractionnaire : de 1 à $\frac{1}{10}$ ou de 10^0 à 10^{-1} (275), le logarithme est une fraction entièrement négative et qui, pour $\frac{1}{10}$, atteint -1 ; de $\frac{1}{10}$ à $\frac{1}{100}$ ou de 10^{-1} à 10^{-2}, ce logarithme est composé de -1 et d'une fraction négative ; de $\frac{1}{100}$ à $\frac{1}{1000}$ ou de 10^{-2} à 10^{-3}, le logarithme est

composé de — 2 et d'une fraction négative...;
mais pour la commodité des calculs, on ne
conserve pas ces derniers logarithmes entièrement négatifs : on s'arrange de manière à ce
que la partie fractionnaire soit toujours positive, ce qui est facile.

Avant d'entrer dans ce petit détail de calcul,
occupons-nous du changement qu'éprouve la
caractéristique du logarithme d'un nombre,
quand on multiplie ou quand on divise ce
nombre par une puissance de 10.

*Changement qu'é-
prouve la caractéristi-
que du logarithme d'un
nombre quand on mul-
tiplie ou quand on di-
vise ce nombre par une
puissance de 10.*

279 — Soit à multiplier A par 10^n : le produit est $A \times 10^n$ et, (274),

$$\log. (A \times 10^n) = \log. A + \log. 10^n \; ; \quad \text{or,}$$

(275), le logarithme de 10^n est n ;

Donc le logarithme de $A \times 10^n$ est $n + \log. A$.

Donc le logarithme du produit d'un nombre
par 10^n, s'obtient en ajoutant n à la caractéristique du logarithme de ce nombre.

Soit maintenant à diviser A par 10^n : le quotient est

$$\frac{A}{10^n} \quad \text{et, (274, Cor. I),}$$

$$\log. \frac{A}{10^n} = \log. A - \log. 10^n \text{ ou égale}$$

$$\log. A - n.$$

Donc le logarithme du quotient d'un nombre
par 10^n, s'obtient en diminuant de n la caractéristique du logarithme de ce nombre.

Il résulte, des deux cas précédents, que

*Deux nombres décimaux formés des mê-
mes chiffres, ont des logarithmes qui ne diffèrent que par la caractéristique.*

Tables de Logarithmes.

LEUR USAGE.

280 — Nous ne nous occuperons que des
plus usitées, les tables de *Callet*.

Les tables de Callet donnent les logarithmes

des nombres de secondes contenues dans 30 degrés : elles s'étendent donc jusqu'à 108000. La première partie de la table nommée *première chiliade* (*bien qu'elle contienne* 1200 *nombres*) donne les logarithmes des 1200 premiers nombres avec 8 décimales. De 1020 à 100 000, elles n'ont plus que 7 décimales, et, au delà de ce nombre, elles ont encore 8 décimales.

Ces tables vont donc de 1 à 1200 avec 8 décimales ; au delà, elles reprennent à 1020, ou à 10200, si l'on se sert des colonnes autres que la première qui est intitulée 0 ou portant 0 au haut de la page. A partir de ce nombre 1020, on trouve déjà 2 ou 3 dixaines de nombres consécutifs dont les 3 premières décimales sont les mêmes ; il y avait donc avantage pour l'éditeur et pour le lecteur à ce qu'on profitât de cette observation par la disposition suivante :

Dans une première colonne intitulée *N* se trouvent les nombres consécutifs.

Suivent 10 colonnes verticales intitulées 0, 1, 2, ... 8, 9. En écrivant ces chiffres à la droite des nombres qui se trouvent dans la colonne *N*, on obtient les nombres compris entre les dixaines consécutives que donnent les nombres de cette colonne *N*.

Les logarithmes de ces nombres s'obtiennent en prenant les 3 premières décimales qui se trouvent dans la colonne verticale intitulée 0 et dans la ligne horizontale où au-dessus du nombre proposé (car comme nous le voyons à partir de 1020 les 3 premières figures du logarithme peuvent servir à 2 ou 3 lignes horizontales) ; les 4 dernières décimales sont dans la case appartenant, à la fois, à la ligne horizontale contenant les dixaines du nombre et à la ligne verticale au haut de laquelle se trouve le chiffre des unités.

Ainsi, on a le logarithme de 72503 en prenant les 3 premières figures 860 qui correspondent, dans la colonne 0, à 7250 et les 4 dernières 3560 qui se trouvent dans la colonne verticale 3 et la colonne horizontale 7250. Le logarithme de 72503 a donc 0,860 3560 pour partie décimale; le logarithme de ce nombre (278) est donc

$$4,860\ 3560$$

La facilité d'application de ce numéro (278) explique pourquoi les tables de Callet ne contiennent pas de caractéristiques.

Différences et parties proportionnelles.

281 — A partir de 1020 [1], la colonne à droite intitulée *diff.* et *p*, ou simplement *diff.* contient les différences et les parties proportionnelles calculées pour tous les dixièmes d'unités.

Nous avons trouvé, tout à l'heure, 4,860 3560 pour le logarithme de 72503. — Celui de 72504 est 4,860 3620 et si, de ce logarithme, on retranche le premier, la différence est 0,000 0060 ou 60 unités du septième ordre décimal. Cette différence entre les logarithmes de deux nombres consécutifs se nomme *différence tabulaire.* C'est cette différence qui est inscrite dans la dernière colonne à droite.

Si la différence d'une unité du nombre, dans cette partie de la table, donne une différence de 60 unités du dernier ordre dans le logarithme, la différence d'un dixième donnerait une différence de 6 unités du dernier ordre dans le logarithme. Pour 2, 3,...... dixièmes, dans le nombre, la différence serait de 12, 18..... unités du dernier ordre dans le logarithme, si, lorsque les nombres s'accroissent de quantités proportionnelles, il en était de même de leurs logarithmes. C'est sur cette hypothèse, quoique fausse (262), qu'est fondée la *Règle des parties proportionnelles.*

Dans la page où nous avons trouvé les logarithmes ci-dessus, on voit, au-dessous de 60, les 9 premiers nombres et, à droite de chacun d'eux, le produit calculé correspondant à ce nombre de dixièmes.

---

(1) 1020 de la colonne *N*, ou 10200 unités.

Remarque. En allant un peu plus loin dans la table, on trouve 59 pour différence tabulaire. Il est clair que, alors, aucun des nombres proportionnels de dixièmes n'est exact : les uns sont par défaut, les autres, par excès, ce dont il est important de tenir compte dans des calculs bien conduits. Il est aussi, par conséquent, très-important de tenir compte de la position du nombre dont on cherche le logarithme par rapport à la position des nombres qui donnent les différences : ceci demande ou une grande attention ou une longue habitude.

Prenons un exemple :

Pour aller de la ligne où est écrite la différence tabulaire 120 à celle où est 119, il y a 32 lignes. Si l'on veut apporter de la précision, on prendra pour la 16e, par exemple, 119,5 [1] pour différence tabulaire.

On doit comprendre, d'après cela, qu'il vaut généralement mieux faire le calcul soimême, que de se servir des différences proportionnelles calculées.

Les calculs logarithmiques offrent deux problèmes :

1° *Un nombre étant donné, trouver son logarithme.*

2° *Un logarithme étant donné, trouver le nombre correspondant.*

Un nombre étant donné, trouver son logarithme.

282 — Nous avons vu, (279), que deux nombres formés des mêmes chiffres ont, à leurs logarithmes, la même partie décimale. Nous pourrions donc ne nous occuper que de la détermination des logarithmes des nombres entiers.

Les nombres entiers moindres que 108 000 se trouvant dans la table, on a immédiatement leurs logarithmes.

____

(1) C'est ce qui se présente, si l'on cherche le logarithme de 363478.

Soit proposé de trouver le logarithme du nombre 723059.

Le logarithme de 723059 est, (279), le même que celui de 72305,9, augmenté d'une unité. Nous cherchons le logarithme de ce dernier nombre ; nous lui donnerons ensuite la caractéristique convenable.

Je cherche dans la table le nombre 72305, c'est-à-dire, 7230 dans la colonne N; puis j'entre dans la colonne verticale 5 [1] que je parcours jusqu'à la ligne horizontale 7230. Je trouve que le logarithme de 72305 a pour partie décimale

$$859\ 1683$$

```
log.    72305 = 4,859 1683
pour      0,9             54
________________________________
log. 72305,9 = 4,859 1737
log. 723059 = 5,859 1737
```

La différence la plus rapprochée est 60 et, au-dessous, nous trouvons que 9 dixièmes correspondent à 54 [2]; il faut donc ajouter 54 unités du dernier ordre à la partie décimale ci-dessus : la somme est

$$859\ 1737. \quad \text{(par défaut)}$$

Le logarithme de 723059, est donc

$$5,8591737. \quad \text{(par défaut)}$$

Soit proposé de trouver le logarithme de 7 245 869.

Le logarithme de ce nombre a 6 pour caractéristique. Quant à la partie décimale, elle est la même que celle de

$$72458,69$$

---

(1) On peut, dans les tables de Callet, entrer dans la colonne verticale 5, soit par en bas, soit par en haut. Ces sortes de tables se nomment à *double entrée*

(2) Si l'on veut calculer ce nombre, on dira : Si pour une unité de plus dans le nombre dont on cherche le logarithme, on ajoute, au logarithme précédent, 60 unités du dernier ordre, pour 0,9 on ajoutera au logarithme, les 0,9 de 60 ou $60 \times 0,9$ ou 54.

Logarithme d'un nombre décimal.

Le logarithme de 72458 est dans la table : sa partie décimale est

860 0863

et la différence tabulaire, 60.

Si pour une unité ajoutée à 72458 on doit ajouter 60 unités du dernier ordre au logarithme de ce nombre, pour 0,69 on ajoutera les 69 centièmes de 60 ou $60 \times 0,69$ ou 41,4 ou 41.

$$\begin{array}{l}
\text{log. } 72458 = 4,860\ 0863 \\
\text{pour } 0,69 = 41 \\
\hline
\text{log. } 72458,69 = 4,860\ 0904 \\
\text{log. } 72458\ 69 = 6,8600904 \text{ (par défaut)}
\end{array}$$

Ajoutant 41 unités du dernier ordre à la partie décimale écrite plus haut, on trouve pour le logarithme cherché

6,860 0904.

Si l'on se sert des différences calculées : pour 6 dixièmes, on doit ajouter 36 unités du dernier ordre; pour 0,9, on ajouterait 54 e pour 0,09, par conséquent, 5,4 et, par suite, 41, 4 ou 41.

Soit proposé de trouver le logarithme de 502,4798.

La caractéristique de ce logarithme est 2 et, d'après le numéro (279), la partie décimale du logarithme de ce nombre est la même que celle de

50247,98

le logarithme de 50247 a pour partie décimale

7011101.

$$\begin{array}{l}
\text{log. } 50247 = 4,7011181 \\
\text{pour } 0,98 = 85 \\
\hline
\text{log. } 50247,98 = 4,7011186 \\
\text{log. } 502,4798 = 2,7011186
\end{array}$$

Nous prendrons, (284 rem.), 86,5 pour différence tabulaire, vu la position du nombre proposé par rapport aux différences 87 et 86 : $85,5 \times 0,98$ égale 84,770 : nous ajouterons 85.

Le logarithme cherché est donc

2,701 11 86.

Ce logarithme est par excès, parce que 85, relatif à 0,98, est par excès.

＊En se servant des différences calculées, et prenant 87 pour différence :

> pour 0, 9 on ajoute 78 ;
> pour 0,08   7   et, par suite,
> ___________________________
> pour 0,98 on ajoute 85.

Logarithme d'un nombre fractionnaire.

283 — Soit proposé de trouver le logarithme de $7 \frac{49817}{915813}$

Ce nombre, réduit en expression fractionnaire, égale

$$\frac{6410691+49817}{915813} \quad \text{ou} \quad \frac{6460508}{915813} = x$$

Nous avons, (274, Cor. I),

$$\log. x = \log. 6\,460\,508 - \log. 915813$$

Calcul du log. du numérateur.

> log. 64605 = 4,8102661
> pour 0,08   5
> ___________________________
> log. 64605,08 = 4,8102666
> log. 6460508 = 6,8102666

Calcul du log. du dénominateur.

> log. 91581 = 4,961 8054
> pour 0,3   14
> ___________________________
> log. 91581,3 = 4,961 8068
> log. 915813 = 5,961 8068

La marche suivie dans ces calculs a été expliquée (282).

Nous avons donc

$$\log. x = 6,810\ 2666 - 5,961\ 8068$$

Nous avons déjà dit que, dans les calculs logarithmes, (278), on ne conserve pas la partie décimale négative, afin qu'il n'y ait jamais à faire que des additions ;

$$\log. x = 6,8102666 - 5 - 0,9618068 \qquad \text{ou}$$

$$\log. x = 6,8102666 - 5 - 1(+1 - 0,9618068)$$

Calcul de log. x

$$\log.\ 6460508 = 6,8102666$$
$$-\log.\ \ 915813 = \bar{6},0381932$$
$$\overline{ }$$
$$\log.\ x = 0,8484598$$

Ainsi, pour avoir log. x, à 6,8102666 nous ajoutons

$$-5 - 1 + (1 - 0,9618068) \qquad \text{ou}$$
$$-6 + 0,0381932 \qquad \text{et l'on a}$$
$$\log. x = 0,8484598$$

Si l'on a, comme ci-dessus, un logarithme entièrement positif à soustraire, on retranche et l'on ajoute l'unité : de cette dernière, on retranche la fraction décimale, ce qui fournit un logarithme dont la caractéristique seule est négative.

On fait alors la somme arithmétique des fractions et la somme algébrique des caractéristiques.

Règle.   *On rend, d'un logarithme, la partie décimale positive en ajoutant — 1 à la caractéristique et en prenant le complément à l'unité de la fraction décimale.*

Il suffit, pour prendre d'une fraction décimale le complément à l'unité, de retrancher de 9 tous les chiffres de cette fraction excepté le dernier, à droite, que l'on retranche de 10.

Avec un peu d'habitude, en voyant une fraction, on lit sa partie complémentaire.

Logarithme d'une fraction.

284 — Soit proposé de trouver le logarithme de la fraction $\dfrac{723}{6\ 357\ 429}$

$$x = \frac{723}{6\ 357\ 429} \quad \text{et, (274, Cor. 1),}$$

$$\log. x = \log. 723 - \log. 6\ 357\ 429$$

$$\log. \ 723 = 2,859 \ 1383$$

$$\log. \ 6357 \ 429 = 6,803 \ 2815$$

On a donc

$$\log. \ x = 2,859 \ 1383 - (6,803 \ 2815) \qquad \text{ou}$$

$$\log. \ x = 2,859 \ 1383 - 7 + 0,1967185 \qquad \text{ou}$$

$$\log. \ x = -5 + 1,055 \ 8568 \ \text{ou} \ \overline{4},055 \ 8568$$

NOTE. *Lorsque, comme dans le logarithme qui précède, la caractéristique seule est négative, on met le signe — au-dessus de cette caractéristique.*

Ainsi, plus haut, on eût pu écrire

$$\log. \ x = 2,859 \ 1383 + \overline{7},196 \ 7185$$

On comprend alors que le signe — ne porte pas sur la partie décimale.

Soit proposé de trouver le logarithme de la fraction $0,00578493$

$$x = 0,00578493 = \frac{578493}{10^8}$$

$$\log. \ x = \log. \ 578493 - 8$$

$$(282) \ \log. \ 578493 = 5,762 \ 2982. \quad \text{Donc}$$

$$\log. \ x = \overline{3},762 \ 2982$$

Remarque. La caractéristique négative du logarithme d'une fraction décimale marque le rang du premier chiffre significatif après la virgule.

Un logarithme étant donné, trouver le nombre correspondant.

285 — Soit proposé de trouver le nombre correspondant au logarithme

$$2,987 \ 6346$$

Comme dans ce qui précède, nous cherchons toujours le nombre ou le logarithme dans la partie la plus élevée de la table. Je cherche la partie décimale qui s'en rapproche le plus, en moins, sans tenir compte de la caractéristique; je trouve

987 6529   et, pour nombre correspondant,   97 197

La différence de ce logarithme et du logarithme donné est 17 et la différence tabulaire 45. Admettant la proportionnalité, (281), on fait le raisonnement suivant :

Pour 45 unités du dernier ordre dans le logarithme, on ajoute une unité au nombre, pour une unité du dernier ordre, on ajoute $\frac{1}{45}$ et pour 17, $\frac{17}{45}$ ou 0,38 (par excès)

Le nombre cherché est donc formé des chiffres 9719738 et la caractéristique étant 2, ce nombre est, (278),

$$971,9738$$

On peut se servir des parties proportionnelles calculées :

Pour 14 unités du dernier ordre dans le logarithme, on devra ajouter au nombre 0,3 et, comme nous avons 17 unités du dernier ordre, il reste 3. Pour 32 unités du dernier ordre on ajouterait 0,7; mais, si nous supposons ces 32 unités, des dixièmes du dernier ordre, nous ajoutons le $\frac{1}{10}$ de 0,7 ou 0,07; nous aurions donc à ajouter 0,37.

Note. *Nous devons faire remarquer ici, comme nous l'avons fait au numéro (281), qu'il est préférable, quand on veut un résultat précis, de faire soi-même les calculs. Dans l'exemple qui nous occupe on ne trouve, en se servant des différences calculées, que 0,37 et encore ce résultat semble-t-il par excès, car nous avons pris le chiffre correspondant, non à 30, mais à 32 dixièmes du dernier ordre.*

Par le calcul, on trouve 0,37777..... On doit, par suite, prendre 0,38.

Il y a une autre raison aussi importante de faire ses calculs, c'est que, quand il entre plusieurs logarithmes dans un résultat, il est indispensable de savoir s'ils sont par défaut ou par excès ; car dans un calcul bien fait, il faut, autant que possible, que les erreurs par défaut et par excès se compensent.

Nombre correspondant au logarithme dont la caractéristique est négative.

286 — Soit proposé de trouver le nombre correspondant au logarithme

$$\overline{2},5134728$$

Comme plus haut, nous cherchons cette partie décimale dans la partie la plus élevée de la table. (N'oublions pas que ce logarithme n'a que sa caractéristique négative et qu'elle indique (284 Rem.) que, dans le nombre correspondant, le premier chiffre significatif, après la virgule, occupe le second rang).

On trouve, dans la table, comme logarithme le plus approché et inférieur au logarithme donné

$$5134706$$

Le nombre correspondant est 32619.

La différence logarithmique est 22 et la différence tabulaire 133

$$\frac{22}{133} = 0,17, \quad \text{en forçant}$$

le dernier chiffre.

En se servant des différences proportionnelles calculées, on trouve pour 13, 0,1. Retranchant 13 de 22, on trouve 9, ce qui donnerait 90 unités du huitième ordre décimal, et, si l'on prend, en forçant, 93 au lieu de 90, on trouve 7 ou 7 dixièmes de dixièmes ou 0,07. On trouve donc aussi 0,17 à ajouter au nombre 32619. On a donc 3261917 et, par suite, pour le nombre cherché,

$$0,03261917.$$

Il est, comme on le voit, très-simple de se servir de la règle du numéro (**284. Rem.**)

On aurait pu supposer à cette fraction décimale proposée une caractéristique quelconque positive, **3**, par exemple. Le nombre cherché eût été, alors, 3261,917.

La caractéristique étant — 2 au lieu de 3, il faut diviser ce nombre par 10^5, ce qui donne le premier résultat.

Théorème.

Quand on se sert des tables de Callet, on conserve, au plus, 7 chiffres dans un nombre provenant de calculs logarithmiques.

287 — Cela revient à démontrer que l'erreur relative est, au moins de $\dfrac{1}{10^7}$ (**140**).

Cette erreur est, en effet, toujours comprise entre $\dfrac{1}{8.10^6}$ et $\dfrac{1}{10^7}$

Nous supposons un logarithme approché à moins d'une 1/2 unité du dernier ordre, et nous prenons, cas le plus favorable à l'approximation, un logarithme de la table, soit 1,479 3017 qui répond au nombre 30151. Le nombre cherché est donc

$$30,151.$$

La différence tabulaire est 144.

Si pour 144 unités du dernier ordre l'erreur absolue du nombre est $\dfrac{1}{10^3}$, pour une unité elle est $\dfrac{1}{10^3.144}$ et pour $\dfrac{1}{2}$ unité, $\dfrac{1}{2.10^3.144}$

L'erreur relative du nombre est donc moindre que

$$\frac{1}{2.144.10^3.30} = \frac{1}{288.3.10^4} = \frac{1}{864.10^4}$$

Cette erreur relative est donc moindre que

$$\frac{1}{8.10^6}$$

Soit 4,835 7429 un second logarithme approché à moins d'une 1/2 unité du dernier ordre.

Le nombre est 68508 qui correspond à 4,835 7443 ; la différence logarithmique est 16 et la différence tabulaire 64. Par conséquent, on doit ajouter au nombre $\frac{16}{64}$ ou 0,25

Le nombre est

$$68508,25.$$

Si pour 64 unités du dernier ordre décimal l'erreur absolue du nombre est d'une unité, pour une unité du dernier ordre elle est $\frac{1}{64}$ et, pour 1/2 unité, ce qui est notre hypothèse, elle est $\frac{1}{2.64}$.

L'erreur relative est donc moindre que (138).

$$\frac{1}{2.64.68000} = \frac{1}{8704000}$$

erreur supérieure à $\frac{1}{10^7}$

Théorème.

Les accroissements des nombres ne sont pas proportionnels à ceux des logarithmes correspondants.

288 — Si le nombre croît de 1 à 10 le logarithme croît de 0 à une unité ; s'il y avait proportionnalité, le logarithme eût cru d'$\frac{1}{9}$ pour chaque unité et le logarithme de 19 serait 2.

Il est d'ailleurs facile de se bien rendre compte de cette non proportionnalité :

Soient a et $a+1$ deux nombres dont la différence est l'unité. On a

$$\log. (a+1) - \log. a = \log. \frac{a+1}{a} =$$

$$\log. \left(1 + \frac{1}{a} \right)$$

Ainsi, à mesure que a croît, la différence des logarithmes de deux nombres qui diffèrent de l'unité, décroît. C'est ce que l'on voit à l'inspection des tables : de 10215 à 10216, par exemple, la différence est de 425; de 102150 à 102151 elle est de 42,5.

Si l'on suppose deux nombres différant de h, on a

$$\log. (a+h) - \log. a = \log. \frac{a+h}{a} =$$

$$\log. \left(1 + \frac{h}{a} \right)$$

Ce second membre fait voir que si h, comme plus haut, est constant, l'accroissement est d'autant plus petit que a est plus grand et de plus, que l'accroissement du logarithme est constant, si h et a croissent proportionnellement : Nous avons vu que la différence des logarithmes de 10216 et 10215 est 425. La différence des logarithmes de 102160 et 102150 est aussi de 425 unités du septième ordre décimal.

Ainsi cette proportionnalité des nombres et des logarithmes qui leur correspondent n'existe pas ; mais, quand on se sert de la partie la plus élevée des tables, l'erreur commise, dans les calculs logarithmiques, est à peine sensible sur les sept chiffres que l'on conserve.

289 — Il faut encore remarquer, dans le passage des nombres aux logarithmes, que la proportionnalité donne des logarithmes trop petits et des nombres trop grands, dans le passage des logarithmes aux nombres.

Application des Logarithmes.

290 — Nous donnons quelques résolutions de problèmes pour lesquelles les logarithmes sont utiles ou indispensables.

Un tonneau renferme 107 litres de vin. On en tire un litre que l'on remplace par un litre d'eau ; on tire un litre du mélange que l'on remplace par un litre d'eau et ainsi de suite. Quelle quantité de vin renferme ce tonneau après 29 opérations de ce genre?

La formule qui donne la quantité de vin que renferme encore ce vase est

$$x = \frac{(107-1)^{29}}{107^{29-1}} = \frac{106^{29}}{107^{28}}.$$

log. $x =$ 29 log. 106 — 28 log. 107

$$\begin{aligned}
\text{log. } 106 &= 2,02\ 530\ 587\\
29\ \text{log. } 106 &= 58,73\ 387\ 023
\end{aligned}$$

$$\begin{aligned}
\text{log. } 107 &= 2,02\ 938\ 378\\
28\ \text{log. } 107 &= 56,82\ 274\ 584\\
-28\ \text{log. } 107 &= \overline{57,17}\ 725\ 416 \quad (283)
\end{aligned}$$

$$\begin{aligned}
29\ \text{log. } 106 &= 58,73\ 387\ 023\\
-28\ \text{log. } 107 &= \overline{57,17}\ 725\ 416\\
\hline
\text{log. } x &= 1,91\ 112\ 439\\
x &= 81,49\ 376\ ^{(1)}
\end{aligned}$$

Ainsi il reste dans le tonneau 81^{lit},494.

291 — Problème (290)

Combien faudra-t-il d'opérations pour qu'il ne reste plus dans le tonneau que 50 litres de vin?

$$50 = \frac{(107-1)^{x}}{107^{x-1}} \quad \text{ou} \quad \frac{50}{107} = \frac{106^{x}}{107^{x}}$$

$$\text{ou} \quad \frac{50}{107} = \left(\frac{106}{107}\right)^{x}, \quad \text{ce qui donne}$$

log. 50 — log. 107 $= x$ (log. 106 — log. 107);

---

(1) Soit le problème général :

Un tonneau renferme a lit. de vin. On en tire un litre que l'on remplace par un litre d'eau ; on tire un litre du mélange que l'on remplace par un litre d'eau et ainsi de suite. Quelle quantité de vin renferme encore le tonneau après n opérations de ce genre?

Après la première opération le tonneau contient

16.

d'où

$$x = \frac{\log. 50 - \log. 107}{\log. 106 - \log. 107}$$

$$\log. 170 = 2,02\ 938\ 378$$
$$\log.\ \ 50 = 1,69\ 897\ 000$$

$$\log. 107 - \log. 50 = 0,33\ 041\ 378. \quad \text{Donc}$$

$$\log. 50 - \log. 107 = -\ 0,33\ 041\ 378.$$

$$\log. 107 = 2,02\ 938\ 378$$
$$\log. 106 = 2,02\ 530\ 587$$

$$\log. 107 - \log. 106 = 0,00\ 407\ 791. \quad \text{Donc}$$

$$\log. 106 - \log. 107 = -\ 0,00\ 407\ 791$$

Il résulte de ces deux valeurs que

$$x = \frac{-0,33\ 041\ 378}{-0,00\ 407\ 791} \qquad \text{ou}$$

$(a-1)$ litres. On le remplit d'eau ; du mélange on retire un litre, c'est-à-dire $\frac{a-1}{a}$ de litre de vin ; le tonneau ne contient donc plus que

$$a - 1 - \frac{a-1}{a} \quad \text{ou} \quad \frac{a(a-1)}{a} - \frac{a-1}{a} \quad \text{ou} \quad \frac{(a-1)^2}{a}$$

Du mélange on retire un litre, c'est-à-dire $\frac{(a-1)^2}{a}$ de litre de vin. Le tonneau ne contient donc plus que

$$\frac{(a-1)^2}{a} - \frac{(a-1)^2}{a^2} \quad \text{ou} \quad \frac{a(a-1)^2}{a^2} - \frac{(a-1)^2}{a^2} \quad \text{ou}$$

$$\frac{(a-1)^3}{a^2}.$$

On trouverait de même qu'après n opérations, il ne contient plus que $\frac{(a-1)^n}{a^{n-1}}$.

$$x = \frac{0,33\ 041\ 378}{0,00\ 407\ 791}$$ ou

$$x = \frac{33\ 041\ 378}{407\ 791}$$ ce qui

donne

$$\log.\ x = \log.\ 33\ 041\ 378 - \log.\ 407\ 791$$

$$\log.\ 33\ 041\ 378 = 7,5\ 190\ 582$$
$$- \log.\ 407\ 791 = \overline{6},3\ 895\ 623$$
$$\log.\ x = \ \ 1,9\ 086\ 205$$
$$x = 81,02\ 528\ ^{6190}\ ^{(1)}$$

Ainsi il faudrait un peu plus de 81 opérations de ce genre.

292 — *On adapte sur la platine d'une machine pneumatique une cloche de 20 litres. Combien faudra-t-il donner de coups de piston pour que l'air de cette cloche ne fasse plus équilibre qu'à une colonne de 5 millimètres de mercure dans l'éprouvette, si la capacité du corps de pompe, lorsque le piston est au haut de sa course, est de 1/4 de litre, et si la pression extérieure est la pression normale ?*

Note. Soit a la capacité de la cloche et du tuyau d'aspiration et b celle du corps de pompe [2], lorsque le piston est au haut de sa course.

Nous supposons que, quand l'expérience commence, le piston est au bas du corps de pompe. On soulève le piston ; l'air a occupe alors l'espace $a+b$ et, par suite, un litre de

(1) Si nous avons écrit ces chiffres décimaux c'est uniquement comme résultat de calcul et d'ailleurs il ne faut pas oublier que, dans l'établissement de la formule, x a été supposé entier.

(2) Nous supposons, pour simplifier, un seul corps de pompe.

Dans la question proposée $a = 20$ [1], $b = 0,25$, $H = 760$ et $h = 3$.

On a donc

$$\left(\frac{20}{20,25}\right)^x = \frac{3}{760}. \qquad \text{Donc}$$

$$x \log. \frac{20}{20,25} = \log. \frac{3}{760}, \qquad \text{ou}$$

$$x = \frac{\log. \; 3 - \log. \; 760}{\log. \; 20 - \log. \; 20,25}$$

$$\log. \; 760 = 2,28\,081\,359$$
$$\log. \quad 3 = 0,47\,712\,125$$
$$\log 3 - \log. \; 760 = -(2,40\,369\,234)$$

$$\log. \; 20,25 = 1,306\,425$$
$$\log. \quad 20 = 1,301\,030$$
$$\log. \; 20 - \log. \; 20,25 = -(0,005\,395)$$

---

cet air ne contient que $\dfrac{a}{a+b}$. Quand on vide le corps de pompe dont la capacité est b, on n'en retire que $\dfrac{a}{a+b}b$. L'air qui reste dans la cloche est, donc $a - \dfrac{a}{a+b}b$ ou $\dfrac{a^2}{a+b}$; mais on lève alors le piston et cette quantité d'air occupant alors l'espace $a+b$, chaque litre de cet espace ne contient que $\dfrac{\frac{a^2}{a+b}}{a+b}$ ou $\dfrac{a^2}{(a+b)^2}$ et, comme on retire $\dfrac{a^2}{(a+b)^2}b$, la cloche, après le second coup de piston, ne contient plus que

$$\frac{a^2}{(a+b)^2} - \frac{a^2}{(a+b)^2}b \quad \text{ou} \quad \frac{a^2(a+b) - a^2b}{(a+b)^2} \quad \text{ou}$$

$$\frac{a^3}{(a+b)^2}.$$

On voit de même qu'après le n^e coup de piston la cloche ne contiendra plus que

$$\frac{a^{n+1}}{(a+b)^n}$$

(1) On néglige le tuyau aspirateur.

Du logarithme de 760 nous retranchons celui de 3 ; mais le reste est négatif.

De même pour le dénominateur. Nous avons donc

$$x = \frac{-(2,40\ 369\ 234)}{-(0,00\ 539\ 500)} \quad \text{ou}$$

$$x = \frac{240\ 369\ 234}{539\ 500} \quad \text{et}$$

$$\log. x = \log. 240\ 369\ 234 - \log. 539\ 500$$

$$\begin{aligned}
\log. 240\ 369\ 234 &= 8,3\ 808\ 789 \\
- \log. 539\ 500 &= \bar{6},2\ 680\ 086 \\
\hline
\log. x &= 2,6\ 488\ 875 \\
x &= 445,5\ 408
\end{aligned}$$

Ainsi il faudrait 445 coups d'un seul piston et il resterait encore à enlever une fraction de

---

Ainsi les quantités d'air que contient la cloche après les différents coups de piston, sont les termes d'une progression géométrique dont la raison est $\dfrac{a}{a+b}$.

En vertu de la loi de Mariotte, si, au commencement de l'expérience, la pression était H, comme elle ne doit plus être que h, il faut, pour cela, qu'un litre d'air occupe un espace marqué par $\dfrac{H}{h}$ ou qu'un litre ne renferme plus qu'une fraction $\dfrac{h}{H}$ de ce qu'il renfermait primitivement. Un espace de a litre renfermera $a\dfrac{h}{H}$.

Or la formule qui donne ce que contient encore d'air une cloche a sous laquelle on fait le vide avec un corps de pompe de capacité b et après n coups de piston, est

$$\frac{a^{n+1}}{(a+b)^n}. \quad \text{On a donc}$$

$$\frac{a^{n+1}}{(a+b)^n} = \frac{ah}{H} \quad \text{ou} \quad \frac{a^n}{(a+b)^n} = \frac{h}{H}$$

la quantité d'air que l'on retire d'un coup de piston, en ce moment de l'expérience. Encore une fois, les chiffres décimaux que nous écrivons, dans quelques résultats n'ont d'autre importance que celle du calcul.

Nous allons encore résoudre une équation exponentielle fournie par la formule qui donne la population d'un état au bout de n années, en supposant que l'accroissement soit une fraction constante de la population de l'année précédente.

293 — *La population d'un état est de 36 millions d'habitants ; elle s'accroît, chaque année, d'*$\frac{1}{200}$ *de sa valeur. Au bout de combien d'années sera-t-elle de 50 millions ?*

La formule qui donne la population au bout de n années, d'un état dont la population est a et qui s'accroît chaque année de $\frac{1}{b}$ de sa valeur, est

$$a\left(1 + \frac{1}{b}\right)^n \text{(1)}$$

On doit donc avoir

$$36\ 000\ 000 \left(1 + \frac{1}{200}\right)^x = 50\ 000\ 000$$

ou $$36\left(1 + \frac{1}{200}\right)^x = 50 \qquad \text{ou}$$

---

(1) Si a est la population d'un état et si elle s'accroît de $\frac{1}{b}$ de sa valeur par année, au bout d'un an elle est de $a + \frac{1}{b}a$ ou de $a\left(1 + \frac{1}{b}\right)$; au bout de 2 ans, elle est de $a\left(1 + \frac{1}{b}\right) + a\left(1 + \frac{1}{b}\right)\frac{1}{b}$ ou de $a\left(1 + \frac{1}{b}\right)\left(1 + \frac{1}{b}\right)$ ou de $a\left(1 + \frac{1}{b}\right)^2$.

Au bout de n années, elle est de $a\left(1 + \frac{1}{b}\right)^n$

$$18\left(\frac{201}{200}\right)^x = 25$$

Équation qui donne

$$\log. 18 + x \log. \frac{201}{200} = \log. 25 \qquad \text{ou}$$

$$x(\log. 201 - \log. 200) = \log. 25 - \log. 18$$

$$\text{ou} \qquad x = \frac{\log. 25 - \log. 18}{\log. 201 - \log. 200}$$

$$\begin{aligned}
\log. 25 &= 1,39\ 794\ 001\\
\log. 18 &= 1,25\ 527\ 251\\
\hline
\log. 25 - \log. 18 &= 0,14\ 266\ 750
\end{aligned}$$

$$\begin{aligned}
\log. 201 &= 2,30\ 319\ 606\\
\log. 200 &= 2,30\ 103\ 000\\
\hline
\log. 201 - \log. 200 &= 0,00\ 216\ 606
\end{aligned}$$

$$x = \frac{0,14266750}{0,00216606} = \frac{14266750}{216606}$$

$$\log. x = \log. 14266750 - \log. 216\ 606$$

$$\begin{aligned}
\log. 14\ 266\ 750 &= 7,1\ 543\ 250\\
-\log. \quad 216\ 606 &= \overline{6,6\ 643\ 295}\\
\hline
\log. x &= 1,8\ 1{}86\ 545\\
\end{aligned}$$

$$x = 65,865\ ^{6547}$$

Il faudrait donc plus de 65 ans.

INTÉRÊTS COMPOSÉS.

294 — Un capital est placé à intérêts composés si chaque année il s'augmente de ses intérêts pour former un nouveau capital [1]. C'est ce qu'on appelle *capitaliser les intérêts*.

Dans les intérêts composés au lieu de considérer comme taux, l'intérêt de 100 fr., pour la

---

(1) Il est clair, qu'au lieu de capitaliser les intérêts d'année en année, on pourrait les capitaliser de mois en mois, de semaine en semaine,.........

facilité des calculs, on prend pour taux l'intérêt de 1 fr. et si r est ce taux, on dit que la somme est placée à r pour 1 franc.

Si la somme est placée à 5 pour 0/0, $r = 0,05$; à 5 1/2 pour 0/0, $r = 0,055$.

Soit a le capital placé à intérêts composés et à r pour 1 fr. par an.

Si 1 franc rapporte r en un an, 1 franc, au bout de l'année, vaut $1 + r$ et a francs valent $a(1 + r)$.

Ainsi pour avoir ce qu'un capital devient au bout d'un an, il faut multiplier ce capital par $1 + r$. Au bout de 2 ans ce capital est donc $a(1 + r)^2$; ..... au bout de n années, $a(1 + r)^n$ et si l'on appelle A ce qu'est devenu ce capital, on a

$$A = a(1 + r)^n$$

Si ce capital est en outre placé pendant une fraction f d'année, puisqu'un franc rapporte r en une année, pendant la fraction f, il ne rapporte que fr et par suite le capital c rapporte cfr. Ce capital devient donc $c + cfr$ ou $c(1 + fr)$. Il faut donc multiplier le capital par $1 + fr$ pour obtenir ce qu'il devient au bout de la fraction f d'année.

Il résulte de là que la formule générale des intérêts composés est

$$A = a(1 + r)^n(1 + fr)$$

Nous allons résoudre les questions auxquelles donne lieu cette formule.

295 — *Quelle est la valeur du capital 48728,75 placé pendant 7 ans à 5 pour 0/0 et à intérêts composés ?*

La formule à employer est

$$A = a(1 + r)^n$$

$$a = 48728,75, r = 0,05 \text{ et } n = 7$$

On a donc

$$A = 48728,75(1,05)^7. \quad \text{Ce qui donne}$$

$$\log. A = \log. 48728,75 + 7 \log. 1,05$$

$$\log. 48728,75 = 4,6\ 877\ 853$$
$$7 \log. 1,05 = 0,1\ 483\ 251$$

$$\log. A = 4,8\ 361\ 104$$
$$A = 68566,25$$

296 — *Quel est le capital qui à 5 pour 0/0 et à intérêts composés, vaut 65455,75 au bout de 11 années ?*

La formule, comme pour le problème précédent, est

$$A = a(1 + r)^n$$
$$\log. A = \log. a + n \log. (1 + r) \text{ et, par suite,}$$
$$\log. a = \log. A - n \log. (1 + r) \quad \text{et,}$$

dans le cas qui nous occupe,

$$\log. a = \log. 65453,75 - 11 \log. 1,05$$

$$\log. 65453,75 = 4,8\ 159\ 346$$
$$- 11 \log. 1,05 = \overline{1},7\ 669\ 177$$

$$\log. a = 4,5\ 828\ 523$$
$$a = 98269,46$$

297 — *A quel taux était placé un capital de 24358,25 qui, au bout de 7 ans et à intérêts composés, valait 35674,45 ?*

La formule ci-dessus donne

$$n \log. (1 + r) = \log. A - \log. a \quad \text{et}$$
$$\log. (1 + r) = \frac{\log. A - \log. a}{n} \quad \text{ou,}$$

dans l'exemple qui nous occupe,

$$\log. (1 + r) = \frac{\log. 35674,45 - \log. 24358,25}{7}$$

$$\log. 35674,45 = 4,5\ 523\ 573$$
$$- \log. 24358,25 = \overline{5},6\ 133\ 539$$

$$\log. A - \log. a = 0,1\ 657\ 112$$
$$\log. (1 + r) = 0,0\ 236\ 730$$
$$1 + r = 1,056\ 022$$
$$r = 0,056$$

Ce capital était placé au taux de 5 fr. 60.

Si ce capital était placé pendant un nombre fractionnaire d'années, on considèrerait n comme fractionnaire. Il n'en résulterait pas, sur le taux, d'erreur sensible.

Il serait difficile de résoudre autrement cette question.

298 — *Pendant combien de temps faut-il placer le capital 4864 fr. 35, à 5 pour 100 et à intérêts composés pour qu'il devienne 6971 fr. 45 ?*

C'est ici la formule générale qu'il faut employer.

$$A = a(1+r)^n (1+fr)$$
$$\log. A = \log. a + n \log.(1+r) + \log.(1+fr)$$

Les deux inconnues de cette équation sont déterminées, la quantité n devant être un nombre entier.

Ne tenant d'abord pas compte du facteur $1+fr$, on a

$$n = \frac{\log. A - \log. a}{\log.(1+r)}, \qquad \text{ou}$$

$$n = \frac{\log. 6971{,}45 - \log. 4864{,}35}{\log. 1{,}05}.$$

$$\log. 6971{,}45 = 3{,}8\,433\,231$$
$$- \log. 4864{,}85 = \overline{4}{,}3\,129\,751$$
$$\overline{\log. A - \log. a = 0{,}1\,562\,982}$$

D'ailleurs $\log. 1{,}05 = 0{,}0\,211\,893$

Donc

$$n = \frac{0{,}1\,562\,982}{0{,}0\,211\,893}$$

$$\begin{array}{c|c} 1\,562\,982 & 211\,893 \\ 79\,731 & \\ \hline & 7^{\mathrm{a}} \end{array}$$

Pour trouver n, nous faisons la division ordinaire, et il y a avantage, parce que le reste 79731 (unités du 7e ordre décimal) est précisément le logarithme de $1+fr$.

$$\log. 1 + fr = 0,0079731$$
$$1 + fr = 1,018528$$
$$fr = 0,018528$$
$$f = \frac{0,018528}{0,05}$$

$$f = \frac{1'',8528}{5} = \frac{22^m,2336}{5} = 4^m\,\frac{2^m,2336}{5}$$

$$= 4^m\,\frac{67^j,008^{(1)}}{5} = 4^m 13^j \frac{2}{5}$$

Il faut donc $7^a\ 4^m\ 13^j$.

En considérant n comme fractionnaire, on eût trouvé $7^a\ 4^m\ 45^j,4$.

L'erreur eût donc été de plus de deux jours.

299 — Nous avons dit que le reste de la division de log. A — log. a par log. $(1+r)$, le quotient entier étant n, est précisément le logarithme de $1+fr$.

En effet, l'équation écrite plus haut donne

$$\frac{\log. A - \log. a}{\log. (1+r)} = n + \frac{\log. (1+fr)}{\log. (1+r)};$$

D'ailleurs,

$$\frac{\log. A - \log. a}{\log. (1+r)} = Q + \frac{R}{\log. (1+r)}.$$

Il en résulte, n étant entier et Q la partie entière du quotient, que $R = \log. (1+fr)$.

300 — *Au bout de combien de temps un capital se double-t-il à 5 pour 100 et à intérêts composés ?*

$$A = a(1+r)^n(1+fr)$$
$$2 = 1(1,05)^n(1+f\times0,05)$$

Pour trouver n, j'ai

$$\log. 2 = n \log. 1,05 ; \text{ d'où}$$

$$n = \frac{\log. 2}{\log. 1,05}$$

---

(1) On prend le mois de $30\frac{2}{3}$ jours.

$$\log. \, 2 = 0{,}3010300$$

$$\log. \, 1{,}05 = 0{,}0211893$$

$$n = \frac{0{,}3010300}{0{,}0211893} \quad \begin{array}{c|c} 3010300 & 211893 \\ 894370 & \overline{} \\ 43798 & 14^{a} \end{array}$$

$$\log. \, (1+f\times 0{,}05) = 0{,}0043798$$

$$1+f\times 0{,}05 = 1{,}010136$$

$$f\times 0{,}05 = 0{,}010136$$

$$f = \frac{0{,}010136}{0{,}05} = \frac{1^{a}{,}0136}{5} = \frac{12^{m}{,}1632}{5}$$

$$= 2^{m} + \frac{2^{m}{,}1632}{5} = 2^{m} + \frac{64^{j}{,}896}{5} = 2^{m}\,12^{j}\,\frac{4^{j}{,}896}{5}$$

C'est-à-dire, $2^{m}13^{j}$ moins 1/50 de jour environ.

Ainsi pour que la valeur d'un capital se double à 5 p. 0/0 et à intérêts composés, il faut

$14^{a}2^{m}$ et un peu moins de 13 jours.

En considérant n comme fractionnaire on eût trouvé $14^{a}2^{m}$ 14 jours et un peu plus de $\frac{8}{21}$.

Nous voyons donc qu'en considérant n comme fractionnaire, l'erreur est de plus d'1 jour 1/3.

Placements annuels et Annuités.

301 — On pourrait appeler *annuités* les placements annuels d'une somme, à intérêts composés, soit pour se créer un avoir, soit pour éteindre ou *amortir* une dette.

Nous appellerons les premiers, des *placements annuels*.

Pour se créer un avoir, on place la même somme, au commencement de chaque année, pendant n années.

Pour éteindre une dette, on fait un même paiement à la fin de chaque année.

De là deux formules :

Occupons-nous d'abord de la première, celle des placements annuels :

230 — PROBLÈME. *Une personne place a fr. au commencement de chaque année à r pour 1 franc et à intérêts composés. Quel sera son avoir A au bout de n années ?*

a fr. au bout d'un an valent $a(1+r)$ (294) ; au bout de 2 ans, $a(1+r)^2$..... et au bout de n années, $a(1+r)^n$

a fr. placés au commencement de la seconde année vaudront, au bout de la n^e année, $a(1+r)^{n-1}$

a fr. placés au commencement de la 3e année, vaudront au bout de la n^e année, $a(1+r)^{n-2}$.

. . . .

Et enfin les a fr. placés au commencement de la n^e vaudront $a(1+r)$; de sorte que l'on a

$$A = a(1+r)^n + a(1+r)^{n-1} + a(1+r)^{n-2} + \ldots$$
$$\ldots\ldots\ldots\ldots + a(1+r) \qquad \text{ou}$$
$$A = a(1+r)[(1+r)^{n-1} + (1+r)^{n-2} + \ldots\ldots$$
$$\ldots\ldots\ldots\ldots + (1+r) + 1]$$

Or, le crochet est le quotient de $(1+r)^n - 1$ par $1+r-1$ ou bien encore c'est la somme des termes de la progression géométrique dont le premier terme est 1, le dernier $(1+r)^{n-1}$ et la raison $1+r$; le crochet est donc (267)

$$\frac{(1+r)^n - 1}{1+r-1} \qquad \text{et, par suite,}$$

$$A = \frac{a(1+r)[(1+r)^n - 1]}{1+r-1} = \frac{a(1+r)[(1+r)^n - 1]}{r}$$

Si l'on se donne A et que l'on cherche le placement annuel, on trouve.

$$a = \frac{Ar}{(1+r)[(1+r)^n - 1]}$$

Établissons maintenant la formule des annuités :

303 — PROBLÈME. *Une personne voulant*

éteindre une dette A en n années, paie, à la fin de chaque année, une somme a qu'on suppose placée à r pour 1 fr. et à intérêts composés. Quelle est cette dette A ou quelle est l'annuité a ?

La somme payée à la fin de la première année [1] ou placée au commencement de la seconde vaut, à la fin de la n^e $a(1+r)^{n-1}$. A la même époque, la somme payée à la fin de la seconde année, vaut $a(1+r)^{n-2}$..... Et enfin, à la fin de la n^e année, on paie a francs ; d'ailleurs la somme empruntée A vaut, au bout de n années, $A(1+r)^n$ (294), de sorte que l'on a

$$A(1+r)^n = a(1+r)^{n-1} + a(1+r)^{n-2} + \ldots\ldots + a(1+r) + a, \qquad \text{ou}$$

$$A(1+r)^n = a[(1+r)^{n-1} + (1+r)^{n-2} + \ldots\ldots + (1+r) + 1]$$

ou, comme nous l'avons expliqué plus haut,

$$A(1+r)^n = \frac{a[(1+r)^n - 1]}{1+r-1} = \frac{a[(1+r)^n - 1]}{r}$$

Formule qui donne

$$A = \frac{a[(1+r)^n - 1]}{r(1+r)^n}, \text{ et } a = \frac{Ar(1+r)^n}{(1+r)^n - 1}$$

Ces formules qui donnent soit A, soit a, ne peuvent se calculer directement par logarithmes : On calcule séparément les crochets, c'est-à-dire qu'on calcule $(1+r)^n$, on en retranche l'unité et le résultat entre alors comme facteur dans la formule qui devient logarithmique ou calculable par logarithmes.

Exercices numériques résolus.

304 — PROBLÈME. *Une personne veut, à 5 pour 100, se faire 1800 francs de rente au bout de 20 ans. Combien doit-elle placer au commencement de chaque année ?*

-----

[1] C'est l'annuité.

Elle aura 1800 francs de rente si elle a, au bout de 20 ans, un capital de 36000 fr.

On a donc

$$36000 = \frac{x(1,05)[(1,05)^{20} - 1]}{0,05}.$$

$$\log. 36000 = \log. x + \log. 1,05 + \log. [(1,05)^{20} - 1] - \log. 0,05$$

Ce qui donne

$$\log. x = \log. 36000 - \log. 1,05 - \log. [(1,05)^{20} - 1] + \log. 0,05$$

CALCUL DU CROCHET.

$$\log. 1,05 = 0,0\ 211\ 893$$
$$20 \log. 1,05 = 0,4\ 237\ 860$$
$$(1,05)^{20} = 2,653\ 298\ ^{7\ 700}$$
$$(1,05)^{20} - 1 = 1,653\ 298$$
$$\log. [(1,05)^{20} - 1] = \log. 1,653\ 298$$

CALCUL DE X.

$$\log. 36\ 000 = 4,5\ 563\ 025$$
$$- \log. 1,05 = \bar{1},9\ 788\ 107$$
$$- \log. 1,653\ 298 = \bar{1},7\ 816\ 489$$
$$+ \log. 0,05 = \bar{2},6\ 989\ 700$$
$$\log. x = 3,0\ 157\ 321$$
$$x = 1036,889\ ^{385}$$

Ainsi cette personne doit placer, au commencement de chaque année,

1036 fr. 89

Dans ce problème, l'inconnue est *A*. Il serait aussi facile de résoudre le problème dans lequel l'inconnue serait *a*

305 — PROBLÈME. *Une personne emprunte 20583 fr. 78 et veut s'acquitter à l'aide de 12 paiements effectués à la fin de chaque année. Quelle somme paiera-t-elle à la fin de chaque année, le taux étant de 5 p. 0/0?*

On a l'équation

$$20583,78\,(1,05)^{12} = \frac{x[(1,05)^{12}-1]}{0,05}, \quad \text{et,}$$

par suite,

$$\log. 20583,78 + 12 \log. 1,05 = \log. x + \log. [(1,05)^{12} - 1] - \log. 0,05$$

$$\log. x = \log. 20583,78 + 12 \log. 1,05 - \log. [(1,05)^{12} - 1] + \log. 0,05$$

CALCUL DE LA QUANTITÉ ENTRE CROCHETS.

$$\log. 1,05 = 0,0\ 211\ 893$$
$$12 \log. 1,05 = 0,2\ 542\ 716$$
$$(1,05)^{12} = 1,795\ 856^{580}$$
$$(1,05)^{12} - 1 = 0,795\ 856$$

$$\log. x = \log. 20583,78 + 12 \log. 105 - \log. 0,795856 + \log. 0,05$$

CALCUL DE X.

$$\log. 205\ 83,78 = 4,3\ 135\ 252$$
$$12 \log. 1,05 = 0,2\ 542\ 716$$
$$- \log. [\quad] = 0,0\ 991\ 655$$
$$+ \log. 0,05 = \bar{2},6\ 989\ 700$$
$$\overline{\log. x = 3,3\ 659\ 323}$$
$$x = 2322^f,37^{\overset{9}{}} \ ^{(1)}$$

Cette personne devra payer, chaque année,

2322 fr. 37.

Il serait aussi facile de résoudre le problème dans lequel *A* serait l'inconnue.

306 —Il pourrait être utile d'avoir, *pour un taux donné* [2], un tableau indiquant, dans le *cas des placements annuels*, soit le revenu, au bout de *n* années, d'un placement annuel

---

[1] Le calcul donne 2322 f, 3749.
[2] On emploierait successivement dans les formules (302) et (303) les divers taux usités.

d'1 franc ; soit le placement annuel qui doit au bout de n années, produire un avoir d'1 franc.

Dans les deux cas il serait facile d'obtenir, soit le revenu provenant d'un placement annuel quelconque ; soit le placement annuel devant produire, au bout de n années, une somme quelconque et, par suite, une rente quelconque.

Puis, dans le *cas de l'amortissement*, un tableau indiquant la somme qu'on peut amortir en n années, en payant 1 fr. à la fin de chaque année et ce qu'il faut payer, à la fin de chaque année, pour amortir 1 fr. au bout de n années.

On passerait facilement d'1 fr. à un nombre quelconque de francs.

Les formules des n°ˢ 302 et 303 résoudront ces diverses questions en y faisant soit $A = 1$, soit $a = 1$.

Nous terminerons en résolvant une seule de ces questions :

307 — PROBLÈME. *Que faut-il placer chaque année et à 5 p. 0/0, par exemple, pour se créer un avoir d'1 fr. au bout de 20 ans ?*

Si dans la seconde formule du n° 302, on fait $A = 1$, on trouve

$$a = \frac{r}{(1+r)[1+r)^n - 1]} \quad \text{et, faisant}$$

les substitutions convenables, on arrive au calcul

$$\log. \ 0,05 = \overline{2},6 \ 989 \ 700$$
$$-\log. \ 1,05 = \overline{1},9 \ 788 \ 107$$
$$-\log. [\quad] = \overline{1},7 \ 816 \ 489$$
$$\overline{\phantom{-\log. [\quad] = \overline{1},7 \ 816 \ 489}}$$
$$\log. \ a = \overline{2},4 \ 594 \ 296$$
$$a = 0,02 \ 880 \ 246$$

Ainsi pour avoir 1 fr., au bout de 20 ans, il faudrait placer, chaque année, 0ᶠ,0288025.

Si l'on veut connaître le placement annuel qui donnerait 1800 fr. de rente, au bout de

20 ans, comme il faut un capital de 36000 fr. pour produire 1800 fr. de rente 5 p 0/0, il suffit de multiplier, par 36 000, le placement annuel trouvé $0^f,0288025$ et l'on trouve, comme plus haut, $1036^f,89$.

FIN.

NOTE. *Si l'on cherche, d'après la formule, quel est le montant de l'annuité telle que la dette reste constante, ce qui revient à supposer le temps infini, on a* $n = \infty$, *et*

$$a = \frac{Ar(1+r)^n}{(1+r)^n - 1} = \frac{Ar(1+r)^\infty}{(1+r)^\infty - 1} = \frac{\infty}{\infty},$$

indétermination qui n'est évidemment qu'apparente ; divisant les deux termes du second membre par $(1+r)^n$, *avant de faire* $n = \infty$. *on trouve*

$$a = \frac{Ar}{1 - \dfrac{1}{(1+r)^n}}$$

et faisant $n = \infty$,

$a = Ar$, *c'est-à-dire que l'annuité est l'intérêt de* A *comme on le prévoyait.*

Si, dans les formules d'annuités, on suppose que l'intérêt soit nul ou $r = 0$, A *ou ce que deviennent les annuités dans la première formule et a, l'annuité de la seconde formule, deviennent* $\dfrac{0}{0}$, *indéterminations qui ne sont, non plus, qu'apparentes.*

Dans la première,

$$A = \frac{a(1+r)[(1+r)^n - 1]}{r},$$

On peut remplacer le dénominateur par $1+r-1$, *Ce que nous avions d'ailleurs trouvé* (302); *effectuant la division de* $(1+r)^n - 1$ *par* $1+r-1$ *on retombe sur l'égalité écrite précédemment* (302) *et faisant* $r = 0$, *on a*

$$A = na$$

ce qu'on pouvait prévoir.

Si dans la valeur

$$a = \frac{A(1+r)^n r}{(1+r)^n - 1},$$

On remplace le facteur r du numérateur par $1+r-1$ et qu'on effectue la division des deux termes du second membre par $1+r-1$, on trouve

$$a = \frac{A}{n},$$

Comme on pouvait s'y attendre.

ERRATA :

Pages.	Lignes.	Lignes à partir du bas.	Au lieu de	Lisez
14		3	fut	fùt
30	14		nombres	membres
47		2	évidemmen	évidemment
48		5	$1683+5$	1683×5
57	3			En marge : Corollaire
57		3	$\dfrac{1}{106}$	$\dfrac{1}{10^6}$
61		7	$\dfrac{2\times5\times11}{5\times5\times11}$	$\dfrac{2\times5\times11}{3\times5\times11}$
63		3	ou	on
70	1		$\dfrac{1}{4}$	$\dfrac{3}{4}$
71		14	$\dfrac{5}{6}$	$\dfrac{5}{7}$
74		2	completé	complété
95	20		de	des
98	3		terminé	fini
99	10		(255, rem.)	(263, rem.)
100		6	(255, rem.)	(263, rem.)
103	4		etait	était
110	10		réglée	fixées
111	14		$(a)^2$	$(a+1)^2$
111	16		3720	3721
112	17		1000	10 000
115	5		au	au
116	3		restee	reste est
117	22		chiffre	chiffres
169	17		le temps est $850^f,50$	850, 50
233		1	logarithmes	logarithmiques

TABLE DES MATIÈRES.

(1) Voir, à la page suivante, la note sur les dimensions des pièces de monnaie.

NOTE.

Dimensions des pièces d'or et d'argent, d'après la convention monétaire, conclue le 23 décembre 1865 entre la France, la Belgique, l'Italie et la Suisse :

NATURE DES PIÈCES.		DIAMÈTRE.
Or.	100 fr.	35^{mm}
	50	28
	20	21
	10	19
	5	17
Argent.	5 fr.	37
	2	27
	1	23
	50 c.	18
	20	16

Coutances. — Imprimerie de J.-J. SALETTES, Libraire.